한국의 온천

한국의 온천

김규한 지음

이화여자대학교출판부

머리말

필자가 온천학(溫泉學) 또는 온천지질학(溫泉地質學)과 학문적으로 인연을 맺게 된 것은 1979년 일본 나고야 대학 대학원 지구과학과에 유학하면서이다. 박사 학위 연구 논문을 준비하면서 열심히 광석 광물의 황, 탄소, 산소 안정동위원소(安定同位元素) 분석을 실시하고 있었다. 실험실에서는 일본의 온천수, 지하수의 물의 산소, 수소동위원소 분석 연구가 활발하였다. 안정동위원소 분석은 그 당시 국내에서는 분석 시설이 없었으며 연구자도 없었다. 이때 우리나라 온천수의 기원이 궁금해지기 시작하여 시료 채취 용기를 준비하여 일시 귀국했을 때 우리나라의 온천수와 온천 지역의 지하수 시료를 채취하였다. 처음 시작이라 기대감에 찬 마음의 설렘을 가지고 온천수의 동위원소 분석을 시작하게 되었다. 반갑게도 이때 이미 우리나라의 온천수의 화학 성분 분석에 관한 연구 논문(朴圭昌, 1968)을 일본의 온천 과학 잡지에서 찾을 수가 있었다. 그러나 온천수의 안정동위원소 분석 연구는 최초로 실시하게 되어 우리나라 온천수의 성인적 특성이 밝혀지게 되는 흥미로운 연구가 시작되었다. 이 연구 결과를 「한국온천수의 수소, 산소, 황동위원소비」라는 제목으로 1980년 가고시마 대학에서 열린 일본 지구화학회에서 연구 논문으로 발표하고 1981년 일본의 『지구화학(地球化學)』 잡지에 논문을 발표함으로써 온천 연구와 가까운 인연을 맺게 되었다. 이를 계기로 1983년 내무부에서 『온천지(溫泉誌)』라는 책을 공동으로 저술 · 출판하여 전국 행정 기관에까지 배포하게 되면서 온천이 학술적으로 전국적으로 널리 알려지게 되었다. 또한 1981년 내무부에서 온천법을 제정하게 되었다. '한국의 온천'이라는 제목은 대단히 포괄적이다. 온천이라 하면 지구과학에서는 우선 온천의 기원과 성인을 생각하게 된다. 온천의 성인이라면 온천 발견의 역사적 지리적 기원이라는 인문학적 관점에서의 성인과 온천 지역의 지질학적 수문학적으로 생성된 지질학적인 온천수의 성인론(成因論)을 들 수 있다. 이 책에서는 주로 후자인 온천의 지질학적, 지구화학적, 동위원소 지구화학적인 관점에서 온천수의 생성 성인, 온천수의 수질 특성을 중심으로 다루고자 한다. 한반도의 온천 중 남한의 전통적인 온천을 중심으로 간단히 요약하고 북한의 온천에 대하여 이용 가능한 자료를 인용 · 소개한다. 북한의 최근 온천 연구 자료가 입수되지 못하여 과거에 출판된 자료를 중심으로 요약 · 소개함을 안타깝게 생각한다. 제1장에서는 온천의 일반 개설을 시작으로 온천수의 형성 과정, 수질, 특성을 소개하고 제2장에서는 한반도의 온천 개요를 다루며 제3장에서는 온천수의 성인 연구 방법론을 다룬다. 제4장에서는 온천 수질 평가와 온천 관리를 소개하고 제5장에서는 온천의 탐사와 개발을 소개한다. 제6장에서는 온천 효능과 온천 문화를 다룬다. 그리고 제7장에서는 한반도의 탄산 약수의 분포와 성인에 대하여 소개한다. 이 책에서는 아직 연구의 제한성과 해결되지 못한 온천 성인에 대한 많은 문제점을 인식하면서 앞으로의 연구를 위해 기초적인 자료를 총괄적으로 정리하였다. 이 책에 담은 한반도의 온천에 대한 자료가 온천 연구자나 온천 이용자들에게 조금이나마 도움이 된다면 저자에게는 더없이 큰 영광이 되겠다. 본 출판을 지원하여준 이화여자대학교출판부와 관계자 여러분께 깊은 감사의 뜻을 전한다.

2007년 2월

김 규 한

차례

머리말 • 5

제1장 온천 개설 • 13

1-1 온천의 정의 • 13
1-2 온천 발견의 역사 • 15
1-3 온천의 형성 과정과 형성 기구 • 23
1-4 온천 형성과 판구조론 • 27
1-5 한반도 탄생 지질학사 • 30
1-6 한반도 탄생과 온천의 형성 기원 • 37
1-7 한반도의 지각 열류량 • 41
1-8 한반도 온천의 열원의 기원 • 45
1-9 우리나라 온천수의 지화학적 수질 특성 • 47

제2장 한반도의 온천 개요 • 53

2-1 남한의 온천 • 54
2-2 북한의 온천 • 81

제3장 온천의 성인과 연구 방법론 • 121

3-1 온천수의 성인적 분류 • 121
3-2 온천수의 수질 연구 방법 • 124
3-3 안정동위원소와 온천수의 기원 • 125
3-4 우리나라 온천수의 안정동위원소비 • 129
3-5 물-암석 상호 반응과 온천수의 성분 • 131
3-6 온천수의 지하 저장소의 온도 산출법 • 135
3-7 온천수와 지하수의 연대 측정 • 138
3-8 온천 가스의 헬륨-아르곤 영족기체 동위원소 • 144

제4장 온천 수질 평가와 온천의 관리 • 149

4-1 수질 평가 방법 • 149
4-2 온천의 관리 • 151
4-3 온천의 집중 관리 • 155
4-4 미래형 온천의 집중 관리 사례 • 156

제5장 온천의 탐사와 개발 • 163

5-1 지질 조사 및 지질 구조 조사 • 165
5-2 지구 물리 탐사 • 166
5-3 지화학 탐사 • 167

5-4 시뮬레이션에 의한 지열수계 모델링 • 168
5-5 시추 조사 • 169

제6장 온천의 효능과 온천 문화 • 171

6-1 온천수의 효능 • 171
6-2 온천 문화 • 180

제7장 탄산 약수 • 205

7-1 한반도의 탄산 약수의 분포 • 205
7-2 탄산 약수의 형성 과정 • 212
7-3 탄산 약수의 수질 특성과 효능 • 219

참고 문헌 • 224

부록 1 남한 온천수의 수질 분석 자료 • 228
부록 2 북한 지역 온천수의 화학 성분 • 230
부록 3 남한 탄산수의 수질 분석 자료 • 233
부록 4 북한 지역 탄산 약수의 화학 성분 • 234

찾아보기 • 236

제1장 온천 개설

1-1 온천의 정의

온천(溫泉, hot spring)이란 땅속에서 솟아나는 따뜻한 샘물을 의미한다. 온(溫)은 따뜻하다, 온화하다, 순수하다, 익히다, 보하다, 온천, 족하다 등의 여러 의미로 쓰이고 있다. 따뜻한 샘물은 땅속에 고여 있는 차가운 지하수가 지구 내부의 열원에 의해 따뜻해져야 한다. 보통 지하수는 그 지역의 연평균 기온보다 1~4℃ 정도 높다. 따라서 보통 온천수는 그 지역의 연평균 기온보다 5℃ 이상 높은 지하수를 말하고 있다. 특히 특정 광물 성분이 함유된 샘물은 온도에 관계없이 광천(鑛泉, mineral spring)이라 하여 온천수에 포함시키고 있다. 따뜻한 느낌이란 경험적이고 상대적인 정도의 표현이라 사람에 따라 다르다. 또한 샘물이라는 의미는 지하에서 물이 솟아 흘러나오는 물을 말하고 있다. 샘물은 자연적으로 흘러나올 수도 있으나 인위적으로 시추를 하여 지하의 물을 뽑아올릴 수도 있다. 때문에 온천수의 정의는 나라에 따라 온도의 기준이 다르다. 우리나라와 일본, 남아프리카의 일부 국가에서는 지하에서 솟아나오는 물의 온도가 25℃ 이상일 때를 온천이라 한다. 독일, 프랑스, 이탈리아, 영국 등 유럽의 국가들은 대부분 20℃ 이상 , 미국은 21.1℃ 이상의 물을 온천이라 정의하고 있다. 저절로 용출되든 인공적으로 뽑아올리든 관계하지 않는다. 우리나라는 1981년 3월 2일 제정 공포된 법률 제 3377호에 "온천이라 함은 지하로부터 용출되는 섭씨 25℃ 이상의 온수로서 그 성분이 인체에 해롭지 아니한 것을 말한다" 라고 정의하고 있다. 그러나 온천수는 반드시 지구 내부의 열원에 의하여 따뜻해져야만 한다.

물은 종류가 많다. 지질학에서는 물을 성인적으로 순환수, 화석수, 마그마수, 해수 등으로 구분하고 있다. 순환수(循環水, meteoric water)는 바닷물이 태양열에 의해 증발되어 구름이 되고 이 구름이 응축하여 만들어진 빗물처럼 대기의 순환 과정에서 만들어진 물을 말한다. 그리고 화석수(化石水, connate water)는 퇴적물이 퇴적될 당시에 존재하던 물이 퇴적물 입자 사이에 포획되어 암석이 된 후에도 암석 내에 갇혀 있는 물을 말한다. 즉 현재의 물이 아니라 과거의 지질 시대에 존재하였던 물을 말한다. 마그마수(magmatic water)는 지하에 암석이 부분적으로 녹아 있는 뜨거운 마그마 내에 포함되어 있던 물을 말한다. 세계적으로 대다수의 온천수는 화산 지역이든 비화산 지역이든지 간에 순환수가 지하의 열원에 의해 따뜻해진 것임이 잘 알려져 있다. 땅속에 있는 순환수 기원의 지하수가 지하의 열원에 의해 따뜻해지면 물과 암석이 서로 반응(water-rock interaction)하여 암석에 포함되어 있던 여러 가지 광물 성분이 물에 녹아 들어가 온천수의 화학 성분이 다양해진다. 따라서 온천 지역의 지리적 위치, 분포하고 있는 암석의 종류, 물의 기원에 따라 온천수의 수질과 화학 성분이 다양하게 달라지게 된다.

1-2 온천 발견의 역사

예로부터 전설이나 지명의 유래에서 많은 온천이 발견되었다. 한국 고유의 길조인 학(鶴)이나 기이한 노루가 다친 상처를 치유한 장소라든가 선녀가 온천욕을 즐겼다든가 하는 전설이 깃든 온천이 많다. 우리나라 온천 발견의 역사 또한 대단히 오래되었다. 우리나라 고문헌의 역사적 기록에 의하면 1888년 김부식(金富軾)의 『삼국사기(三國史記)』(仁宗)에 온양온천 기록을 시작으로 16종의 고문헌 속에 43곳의 온천이 기록되어 있다. 고문헌에 수록된 144회 정도의 기록들 중 빈도 수가 높은 온천은 온양온천(29회), 이천온천(13회), 동래온천(11회), 평해온천(5회) 등이다(溫泉誌, 1983). 『고려사(高麗事)』(世宗~文宗)에 남한의 동래온천, 유성온천, 온양온천, 영산(부곡)온천, 평해온천, 북한의 평주온천, 백주, 이천, 고성, 신주, 성주온천 등의 기록이 있다. 이회(尹淮)의 『세종실록지리지(世宗實錄地理志)』(世宗~端宗)와 노사신(盧思愼)의 『동국여지승람(東國與地勝覽)』(成宗)에 동래, 연풍, 유성, 덕산 등 25곳의 온천 기록이 남아 있다.

성현(成俔)의 『용재총화(慵齊叢話)』(成宗)에는 우리나라의 많은 온천의 기록이 비교적 자세하게 소개되었고 온천의 성인과 온천수의 기원까지 설명하고 있어 세계에도 드물게 온천 성인의 과학적인 설명이 일찍이 우리나라에서 시작되었음을 말해주고 있다. 『용재총화』 내 온천에 대하여 서술하고 있는 부분의 그 원문의 일부를 실례로 소개한다. 이 원문의 내용을 자세히 검토하면 온천의 성인이 대단히 과학적으로 기술 · 기록되어 있음을 알 수 있다.

다음은 성현의 『용재총화』(成宗)에 실린 내용의 원문과 번역문(温泉誌, 1983)이다.

[原文]

唐子西論湯泉記云、或說炎州地性酷烈、故山谷多湯泉、或說水出硫黃、地中即
温、初不問南北、今臨潼湯泉乃在正西、而炎州餘水、未必皆熱、則地性之說固
巳失之、然以硫黃置水中、水不能熱、則硫黃之說亦未爲得、吾意、湯泉在天地
間、自爲一類、受性本然、未必有待而温也、今我國六道、皆有温井、而惟京畿
全羅道無之、古書云、樹州有温泉、樹州即今京畿富平府、朝廷曾已遣人尋踏、
而未得其源、古書誤載歟、抑人亦惡之而塞其源歟、慶尙道靈山縣有温泉、泉比
他稍冷、浴者或煖石投泉而助熱、且倭人求浴者、絡繹不絕、縣惡之 啓聞、塞
其泉源、東萊温泉最好、有泉如匹練、從地湧出、引水作斛、其暖如湯可飮、亦
可煖酒、倭人來朝者必求浴、班衣往來充斥、州縣不勝其苦矣、忠淸道忠州安富
驛大道傍有温泉、泉微温不甚暖、温隊温井温暖適中、世宗世祖屢親臨幸、其後
貞熹王后亦幸、而薨于行宮、淸州有椒水、水不暖、而其臭如椒、人言、善治眼
疾、世宗嘗親臨幸、其後 世朝幸福泉寺、過此駐蹕、江原道有三泉、其一在伊
川縣之北深山裡、世宗講武于古東州之野、因幸温泉、其一在高城縣屬邑古篸猳
之地、即金剛山東麓、泉在大川傍、世祖親臨幸焉、至今有御室佛堂、其一平海
郡西白岩山下、泉湧山脊之高丘、温暖適宜、泉甚澄潔、僧信眉大搆室宇、糶糴
米穀、施與往來沐浴人、至今猶舊、黃海道温泉最多、有白川大橋温井、有延安
氈城温井、有平山温井、有文化温井、有安岳温井、其中海州馬山温井最奇、或
有微温者、或大熱者、泉傍海、故其臭惡而其味鹹、野中有三十餘處、或貯爲
池、或小爲泓、或於川底水熱難躡、或有濫泉濆出、熱泡湯沸、四面泥土因暖
凝堅如石、試投菜莖、須臾爛熟、晨昏水蒸潤、滿野如烟、平地卑暖、如臥土
床矣、平安道有朔州温井、有成川温井、又於陽德縣有温井、其水如沸湯、可燖
禽毛、龍岡縣温井最奇、水熱、非剛忍者不得久入、引水貯斛乃得浴、泉井中有
小穴、深沉無底 疑與滄海相通、永安亦有温泉之井、全羅道只有茂長鹽井、而無
温泉矣、以今觀之、温泉多在北方寒涼深山窮谷之間、非由炎氣而成明矣、水性
亦各有類、而其理未可測料也。

당자서(唐子西)의 『논탕천기(論湯泉記)』에 이르기를, 어떤 설(說)에는 "염주(炎州)의 지성(地性)이 몹시 더운 까닭으로 산곡(山谷)에 탕천(湯泉)이 많다" 하고, 어떤 설에는, 물에서 유황(硫黃)이 나오면 땅속이 따뜻하니 당초부터 남북(南北)을 가리지 않는다고 하였으나, 지금 임동(臨潼) 탕천은 정서(正西)에 있지만, 염주의 다른 물이 반드시 뜨겁지 않으니, 지성의 설은 이미 맞지 않은 것이다. 또 유황을 물속에 넣어도 물이 뜨거워지지 않으니 유황의 설도 역시 맞다고 할 수 없다. 내 생각에는 탕천은 하늘과 땅 사이에 자연히 따로 한 종류가 되어 있어 본래 그러한 성질을 받은 것뿐이지, 반드시 지성(地性)이나 유황으로 인하여 따뜻해진 것이 아니니다. 지금 우리나라 육도(六道)에는 모두 온정(溫井)이 있으나, 경기(京畿)·전라도(全羅道)에만 없다. 고서(古書)에 이르기를, '수주(樹州)에 온천이 있다' 하였는데, 수주는 곧 지금의 경기도 부평부(富平府)이다. 조정에서 사람을 보내어 답사하였으나 그 근원을 찾지 못하였으니, 고서에 잘못 기재된 것인지 그렇지 않으면 사람들이 싫어하여 그 줄기를 막아버린 것인지 모르겠다. 경상도 영산현(靈山縣)에 온천이 있는데, 물이 다른 곳보다 조금 차서 목욕하는 사람이 뜨거운 돌을 샘 속에 넣어 따뜻하게 한다. 또 목욕하러 오는 일본인이 연달아 끊이지 않았으므로 현에서 꺼려하여 임금에게 글을 상주하고 그 샘 줄기를 막아버렸다. 동래(東萊)온천이 가장 좋다. 마치 비단결 같은 샘물이 땅으로부터 솟아나오는데, 그 물을 끌어들여 곡(斛)에다 받아둔다. 따뜻한 것이 탕과 같아서 마실 수도 있고 술을 데울 수도 있다. 일본인들도 우리나라에 오는 자는 반드시 목욕을 하고 가게 되므로, 얼룩옷[班衣]을 〈입은 사람들의〉 왕래가 빈번하여 주현(州縣)은 그 괴로움이 많았다. 충청도(忠清道) 충주(忠州) 안부역

(安富驛) 큰 길가에 온천이 있는데, 샘물이 미지근하고 별로 뜨겁지 않다. 온양(溫陽)온천은 꼭 알맞게 따뜻하여 세종(世宗)과 세조(世祖)께서 친히 여러 번 임행(臨幸)하였고, 그 뒤에 정희왕후(貞熹王後)도 갔었는데 행궁(行宮)에서 세상을 떠났다. 청주(淸州)에는 초수(椒水)가 있는데, 물은 따뜻하지 않으나 그 냄새가 후추와 같아서 〈이 물로 씻으면〉 안질이 잘 낫는다고 사람들이 말하였다. 세종께서 친히 임행하였고, 그 뒤에 세조께서 복천사(福泉寺)에 가면서 이곳을 지나다가 머물렀다. 강원도에는 세 개의 온천이 있는데, 그 하나는 이천현(伊川縣)의 북쪽 깊은 산 속에 있다. 세종께서 옛 동주(東州)의 들에서 강무(講武)할 때 온천에 들렀다. 또 하나는 고성현(高城縣)의 속읍인 환가(豢猳)에 있는데 금강산 동쪽 기슭이다. 샘이 큰 시냇가에 있는데, 세조께서 친히 납시어 지금까지도 어실(御室)과 불당(佛堂)이 남아 있다. 나머지 하나는 평해군(平海郡) 서쪽 백암산(白巖山) 밑에 있는데, 샘이 산등성이 높은 언덕에서 솟아나온다. 샘물이 알맞게 따뜻하고 매우 깨끗하다. 중 신미(信眉)가 큰 집을 짓고 쌀을 조적(糶糴)하여 목욕하러 오고 가는 사람들에게 시여(施與)하였는데, 지금까지도 옛날과 같이 하고 있다. 황해도(黃海道)에 온천이 가장 많다. 백천(白川) 대교온정(大橋溫井)·연안(延安)·전성온정(氈城溫井)·평산온정(平山溫井)·문화온정(文化溫井)·안악온정(安岳溫井) 등이 있다. 그 중에서도 해주(海州)의 마산온정(馬山溫井)이 가장 기이(奇異)하여 미지근한 것도 있고 몹시 뜨거운 것도 있다. 바로 샘 옆이 바다이기 때문에 그 냄새가 좋지 않고 맛은 짜다. 들 가운데 30여 군데가 있는데, 개중에는 고여서 못을 이룬 곳도 있고, 혹은 조그마하게 물웅덩이를 만든 것도 있으며 혹은 물 밑이 뜨거워서 밟기 어려운 곳도 있다. 또 어떤 것은 넘치는 샘

이 물을 뿜어내어 뜨거운 물거품이 용솟음쳐서 주위에 있는 진흙이 뜨거워 열 때문에 엉겨서 돌과 같이 단단하다. 채소(菜蔬) 줄기를 그 속에 던져보면 순식간에 익어버린다. 아침저녁에 김[蒸]이 서려서 온 들이 연기가 낀 것 같고, 평지는 따뜻하여 마치 토상(土床)에 누운 것과 같다. 평안도(平安道)에는 삭주온정(朔州溫井)과 성천온정(成川溫井)이 있고, 또 양덕현(陽德縣)에 온정이 있는데, 그 물이 끓는 탕(湯)과 같아서 새털을 쳐 뜯어낼 수 있을 정도이다. 용강현(龍岡縣)온정이 가장 기이한데, 물이 뜨거워서 아주 참을성 있는 사람이 아니면 오래 들어가 있을 수 없다. 물을 이끌어 곡(斛)에다 받아두어야만 목욕할 수 있다. 천정(泉井) 속에 조그마한 구멍이 있는데, 너무 깊어서 바다와 통하지 않는지가 의심스럽다. 영안도(永安道, 함경도의 옛이름)에도 온천의 우물이 있다. 전라도에는 다만 무장(茂長)의 염정(鹽井)이 있을 뿐 온천은 없다. 지금 이 사실들을 살펴보면, 온천은 북방(北方)의 한랭한 심산 골짜기에 많이 있으니, 염기(炎氣)로 말미암아 이루어지는 것이 아님이 명백하고, 수성(水性)도 또한 각각 다른 종류가 있는데 그 이치를 미루어 생각할 수는 없다" 하였다(溫泉誌, 1983).

위의 번역문 내용에서 한반도의 온천의 성인과 기원에 대하여 과학적인 사고와 추리를 한 곳을 여러 곳에서 확인할 수 있다.

예를 들면, "염주(炎州)의 지성(地性)이 몹시 더운 까닭으로 산곡(山谷)에 탕천(湯泉)이 많다" 하고, 어떤 설에는, "물에서 유황(硫黃)이 나오면 땅속이 따뜻하니 당초부터 남북(南北)을 가리지 않는다"는 표현은 온천의 성인적 기원에 대한 깊은 고찰이 포함되어 있다. 온천의 형성이 지표의 온도 영향 때문인지, 온천수에 용존하고 있는 화학 성분 때문인지를 고민하고 있다. 온천의 화학 성분이 열과의 관련이 있음을 기술하고 있다. 즉, 오늘날의 물-암석 반응을 의미하고 있다.

그리고 황(黃)을 물에 담가 온도 변화의 실험을 실시하여 황 자체가 열의 근원이 아님을 밝히고 "내 생각에는 탕천은 하늘과 땅 사이에 자연히 따로 한 종류가 되어 있어 본래 그러한 성질을 받은 것뿐이지, 반드시 지성(地性)이나 유황으로 인하여 따뜻해진 것이 아니다"라는 대단히 중요한 지질학적 결론을 도출하였다. 즉, 지질학적으로 특정한 지역에 온천이 만들어짐을 해명하고 열원을 해석하였다. "바로 샘 옆이 바다이기 때문에 그 냄새가 좋지 않고 맛은 짜다"라는 기록에서 지형적으로 해안에 가까운 해수 혼입형 온천을 기술하고 있다. 오늘날의 해수형 온천을 선인들이 이미 분류한 것이다. "지금 이 사실들을 살펴보면, 온천은 북방(北方)의 한랭한 심산 골짜기에 많이 있으니, 염기(炎氣)로 말미암아 이루어지는 것이 아님이 명백하고, 수성(水性)도 또한 각각 다른 종류가 있는데 그 이치를 미루어 생각할 수는 없다"라는 과학적 가설을 실험으로 검증하고 최종적인 온천의 성인 결론을 유도하였다. 일본에서는 에도 시대(江戶時代)에 온천이라는 용어가 『제국온천효능감(諸國溫泉効能鑑)』이라는 문헌 중에 나타나며 온천지의 명칭은 ……탕(湯)으로 기록되어 있다. 탕(湯)이라는 명칭이 온천(溫泉)으로 바뀐 시기는 메이지 시대(明治時代) 이후부터이다(中村, 1992). 이처럼 온천의 과학적 역사는 한반도에서 먼저 시작되었음을 말해주고 있다.

고대 역사 시대에 전설따라 온천이 발견된 후 온(溫)자와 관련된 지명이 많이 붙여지게 되었다. 온천 발견 지역은 지명과 밀접하게 관련되어 있다. 온(溫), 정(井), 천(泉), 부(釜) 자가 들어간 지명이 많다. 이들 글자의 조합은 다양하다. 온(溫)으로 시작되는 지명은 온수리, 온수골, 온정리, 온정골, 온동리, 온천리, 온천동, 온수동 등 다양하다. 그리고 가마의 의미를 가진 부(釜)자 지명은 부곡리(釜谷里), 부평리(釜平里), 부항리(釜恒里) 등이다. 남한의 기존 온천 지역의 지명은 동래온천(온천동), 해운대온천(중1동), 이천온천(안흥리), 척산온천(척산리), 오색온천(오가 2리), 수안보온천(온천리), 유성온천(온천1동), 도고온천(기곡리), 온양온천(온천리), 덕산온천(사동리), 백암온천(온정리), 덕구온천(덕구리), 부곡온천(부곡면, 거문리), 마금산온천(신촌리)이다. 온(溫)자 지명이 온천인 곳도 많지만 온(溫)자 지명이 아닌 지명에도 온천이 많다. 남한에서 온자 지명 56곳이 있으며 그 중 충남(16) 전남(11) 경남(7) 경북(5) 경기(5) 충북(4) 전북(4) 제주(2) 부산(1) 강원(1)이다(溫泉誌, 1983). 이상하게도 온자 지명이 많은 전남, 경북 등지에는 온천이 별로 알려져 있지 않다. 북한의 온천 중 온자 지명은 온포, 온양, 온구, 온보, 신온, 온정 등이 있으며 대다수 온자 지명과 무관한 곳이 많다.

전통적으로 과거부터 알려져왔으며 현재에도 개발 이용되고 있는 온천은 남한에서 동래, 해운대, 이천, 척산, 오색, 수안보, 유성, 도고, 온양, 덕산, 백암, 덕구, 부곡, 마금산 온천 14개 지역이며 1994년 북한의 교육도서출판사 발행 『조선행정구역도』 지도와 중국지도출판사의 『조선한국지도책』에 의하면 북한의 온천은 모두 45여 곳이 알려져 있으며 주로 함경북도 길주 명천 지역과 황해도 지역에 집중 분포하고 있다(그림 1-1 참고). 그리고 평안북도, 자강도, 평

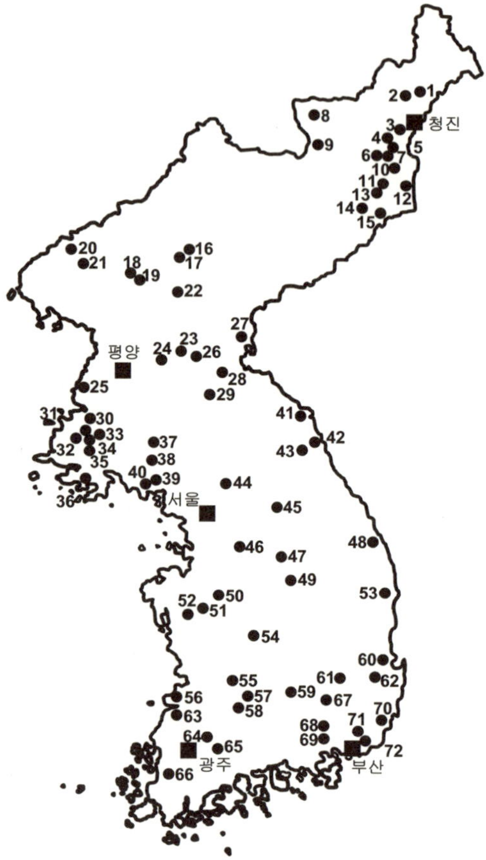

그림 1-1 한반도의 온천의 분포도. 1. 판장온천, 2.팔당온천, 3. 용천리온천, 4. 온포온천, 5. 주을온천, 6. 보상온천, 7. 성정온천, 8. 삼지연온천, 9 보천내곡온천, 10. 삼포온천, 11. 사리온천, 12. 황진리온천, 13. 길주온천, 14. 세천온천, 15. 송흥온천, 16. 신풍소무온천, 17. 원흥온천, 18. 운산온천, 19. 사천온천, 20. 삭주온천, 21. 신온온천, 22. 온양온천, 23. 양덕온천, 24. 성천온천, 25. 룡강온천, 26. 석탕온천, 27. 인흥온천, 28. 로탄온천, 29. 갈천온천, 30. 안악온천, 31. 달천온천, 32. 송화온천, 33. 신천온천, 34., 삼천온천, 35. 이목온천, 36. 옹진온천, 37. 대천리온천, 38. 평산온천, 39. 배천온천, 40. 연안온천, 41. 외금강온천(이상은 북한 지역에 분포하고 있는 온천), 42. 척산온천, 43. 오색온천, 44. 포천온천, 45. 홍천온천, 46. 이천온천, 47. 돈산온천, 48. 덕구온천, 49. 수안보온천, 50. 온양온천, 51. 도고온천, 52. 덕산온천, 53. 백암온천, 54. 유성온천, 55. 죽림온천, 56. 평산온천, 57. 장수온천, 58. 지리산온천, 59. 가고온천, 60. 영일만온천, 61. 상대온천, 62. 불국사온천, 63. 석정온천, 64. 담양온천, 65. 화순온천, 66. 월출산온천, 67. 청도온천, 68. 부곡온천, 69. 마금산온천, 70. 울산온천, 71. 동래온천, 72. 해운대온천(남한 지역에 분포하고 있는 온천).

안남도 지역에 분산 분포하고 있으며 신천 부근과 강원도 북부 지역에 일부 분포하고 있다. 북한에는 남한에 비하여 대단히 많은 온천이 분포하고 있어 통일 후 온천 휴양 관광지 개발이 크게 기대된다. 과학 기술의 개발에 힘입어 현재에는 지하의 열류량을 측정 조사하거나 지구 물리 탐사 방법에 의하여 지하의 지하수와 온천수의 부존 가능 지역을 과학적으로 탐사하고 있다. 시추 장비의 현대화에 따라 직접 땅속 깊은 곳까지 뚫어 온천수를 직접 확인 개발하고 있다. 온천의 수요가 급증하여 최근 우리나라에서도 과학적인 탐사 방법으로 많은 온천이 새로 탐사 개발되고 있다. 예를 들면 화순, 포천, 의정부, 청도, 지리산, 파주, 석모도 등지이다. 가장 최근 발견된 온천은 60℃ 정도로 강화군 석모도 해안에 가까운 들판의 염전 부근 시추에서 확인된 것으로 지금 개발 단계에 있다. 해수 혼합형 식염천이다.

1-3 온천의 형성 과정과 형성 기구

빗물이나 지하수와 같은 대기 순환 과정에 만들어지는 순환수(循環水), 해수(海水), 유전염수(油田鹽水)와 같은 화석수(化石水)나 화성기원의 화석열수 기원의 물이 지구 심부에서 발생한 고유의 열에 의하여 온천이 만들어진다. 특히 온천은 판구조 운동에 의한 신제3기 이후에 발생한 마그마 활동과 관련된 열에 의해 만들어지고 있음이 잘 알려져 있다. 그러나 한반도와 같이 지구조적으로 비교적 안정한 대륙에서 만들어진 소위 비화산성온천(非火山性溫泉)의 형

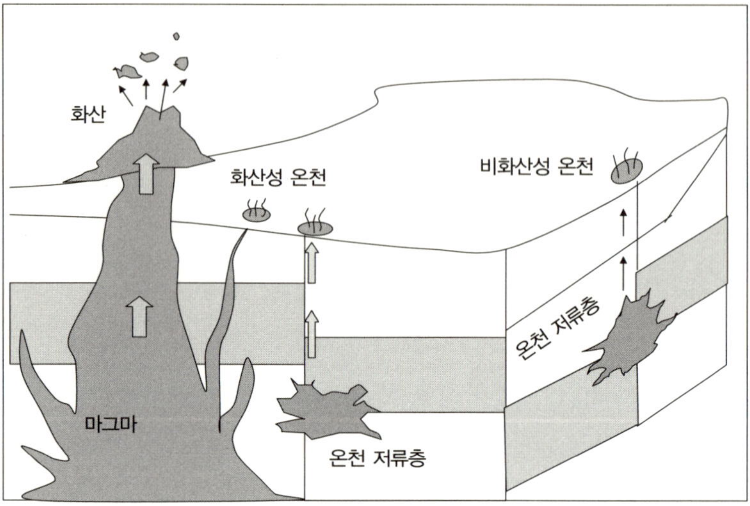

그림 1-2 화산성 온천과 비화산성 온천의 형성 모식도

성 과정이나 열원(熱源)은 아직도 불확실하다.

먼저 세계에서 화산 폭발이 빈번하고 지열이 높은 지역의 분포를 알아보자. 온천은 이상하게도 지구상에 특정 지역에 밀집 분포하고 있다. 세계의 화산 분포 지역과 세계의 온천 지역의 분포 지역이 대단히 밀접하다. 지하에 마그마의 활동이나 화산 활동과 밀접한 관련을 가지고 있는 온천을 화산성 온천(火山性溫泉)이라고 한다. 반면에 직접 화산 활동과 관련이 없이 지하수가 지온구배에 의한 지온 상승에 의하여 따뜻해진 온천을 비화산성 온천(非火山性溫泉)이라 한다(그림 1-2 참고). 온천의 형성 과정을 알려면 먼저 화산 분출이 빈번한 지역에 대하여 알아볼 필요가 있다. 환태평양 화산대에서와 같이 화산이 밀집 분포하고 있는 지역은 소위 판구조(plate tectonics) 운동에서 지판이 서로 마주치는 판의 섭입대(subduction zone)(베니오프대라고도 부름)이거나 판이 갈라지는 해령이나 열곡대(rift) 지역이다. 그리고 판의 경계가 아닌 지역으로 열점 지역(hot spot)이 있다. 즉 온천의 형성은 판구조 운동과 밀접히 관련되어 있음을 알 수 있다(판구조론에 대하여는 다음 1-4절에서 자세히 설명한다). 주로 판과 판이 수렴하는 판의 경계부 지역에 다수의 온천이 분포하고 있다. 판의 경계 지역 중 판이 수렴하는 (판이 서로 마주치는) 판의 경계 지역(베니오프대 지역)에서는 지온구배의 변화가 있고 해양 퇴적물이 판과 함께 상부 맨틀로 섭입된다. 섭입대에서 물을 포함하고 있는 함수 광물이 탈수 분해에 의해 물을 방출하여 맨틀웻지(mantle wedge) 상부 맨틀 물질의 부분 용융을 일으켜 마침내 뜨거운 마그마를 만들어 호상 열도의 화산 활동을 일으키게 된다. 화산 활동과 관련된 이 뜨거운 마그마의 열원에 의해 지표 부근 지하에 존재하던 물이 따뜻하여져 지열 가스를 분출하거나 온천수를 만들게 된다. 그리고 또다른 열원은 지구 내부의 뜨거운 열이다. 때문에 지구 내부로 들어감에 따라 온도가 증가한다. 이를 지하 증온율(또는 지온구배, 地溫勾配)이라 하며 지구 내부로 들어감에 따라 보통 온도가 3℃/100m 증가한다. 지하 증온율도 지역에 따라 다르다. 지하 1,000m 정도 들어가면 지하 증온율에 의해서도 수온이 25℃를 넘게 된다. 지온구배에 의해 온도가 높아진 지역에서나 여러 원인에 의하여 지열류량이 높은 지역에서 비화산성 온천이 형성된다. 그 외 방사성 동위원소 함량이 높은 화강암 분포 지역에 방사성 광물의 붕괴시에 발생한 열에 의해 지하에 존재하고 있던 지하수가 데워져서 따뜻한 온천수가 되기도 한다. 즉, 온천은 지하의 뜨거운 마그마의 열원이나 위에 열거한 여러 가지의 열원에 의해 지하수가

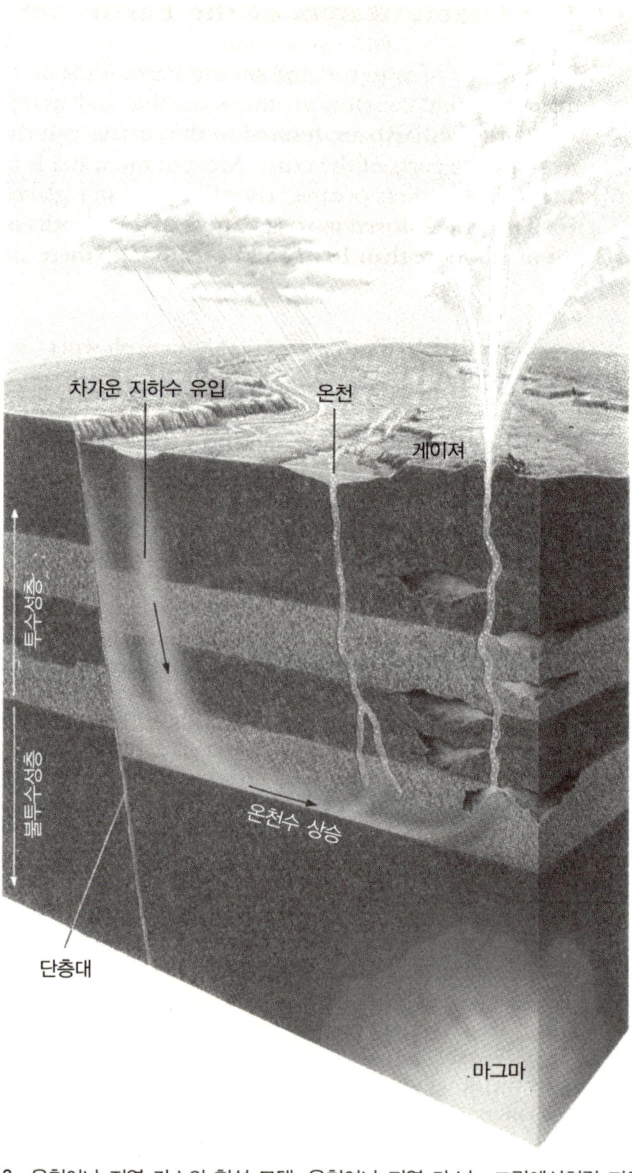

그림 1-3 온천이나 지열 가스의 형성 모델. 온천이나 지열 가스는 그림에서처럼 지하에 뜨거운 마그마 기원의 열원이 존재하고 그 위에 투수성이 큰 퇴적(암)층이 존재하여 지표수가 단층이나 파쇄대를 통하여 지하로 유입된 대수층 내의 물이 뜨거워져 온천수가 된다. 지열 가스의 경우 대수층 상부에 수증기의 유출을 막는 불투수성의 덮개층이 존재하여 고온의 수증기가 저장된다. (Press and Siever, 1994)

데워져 따뜻해진 물이다(그림 1-3 참고). 마치 열판 위에 놓인 주전자의 물이 따뜻해지는 과정과 같은 원리이다.

1-4 온천 형성과 판구조론

과거에 지질학자들은 지구상의 산맥은 뜨거운 지구가 식으면서 수축 현상에 의해 만들어졌다는 지구 수축설(地球收縮說)을 믿어왔다. 그리고 거대한 지진과 화산 폭발의 원인도 수신(水神), 타이폰(Typhon)과 같은 신의 노여움 때문이라고 생각하였다. 그러나 1970년대에 들어와서 지구상에 일어나고 있는 여러 지질 현상이 과학적으로 설명될 수 있는 지구과학의 새로운 학설이 발표되었다. 소위 판구조론(板構造論, plate tectonic theory)과 플륨텍토닉스(plume tectonics)라는 이론이다. 판구조론의 개념은 간단히 설명하면 다음과 같다.

지표에서 약 100km 깊이까지는 암석 물질의 성질이 유사한 비교적 딱딱한 부분으로 되어 있고 100km에서 350km 깊이까지의 지역은 지진파의 속도가 감소하는 비교적 유연한 물질로 되어 있다. 이 지역을 저속도층(low velocity zone) 또는 연약권(asthenosphere)이라 부른다. 지구의 반경이 약 6,371km이므로 지표에서 100km 두께는 대단히 얇은 판과 같은 부분으로 간주할 수 있다. 그래서 지표에서 100km 깊이까지를 얇은 판으로 생각하고 이 얇은 두께의 지판이 지구를 덮고 있다고 보고 있다. 이 얇은 지판은 유라시아판, 인도판, 아프리카판, 미국판, 태평양판 등으로 구성되어 있으며 이들 각

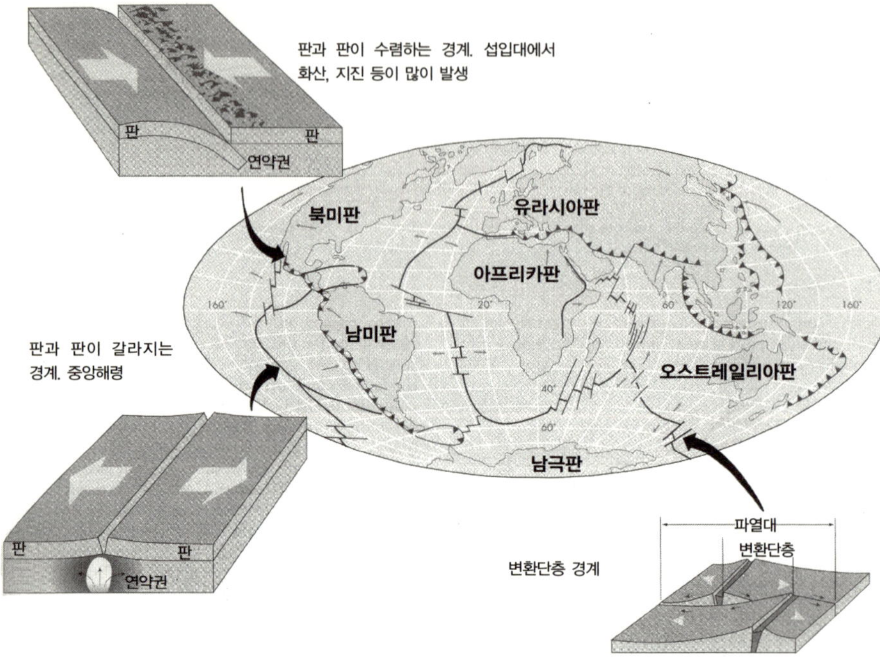

그림 1-4 판의 경계는 판이 마주치거나(베니오프대) 갈라지거나(해령), 변환단층 경계로 나누어진다. 판이 갈라지는 경계 지역이나 판이 서로 마주치는 경계 지역에서 화산 활동, 지진 활동이 빈발하여 고온의 온천이 다수 형성된다.

지판들이 서로 모자이크상으로 붙어 있다. 모자이크상으로 붙어 있는 이들 지판들이 서로 갈라지기도 하고 서로 마주 부딪치기도 하며 끊임없이 움직이고 있다(그림 1-4 참고). 판을 움직이는 원동력은 맨틀 내의 대류(convection current)와 맨틀 플륨(mantle plume) 때문으로 보고 있으나 아직 여러 가설이 제안되고 있다. 중앙 해령에서 판이 갈라져 서로 반대 방향으로 계속 밀려 이동하여 마침내 인접한 판과 충돌하여 인접한 지판 밑으로 기어 들어간다. 이 지역을 베니오프대(Benioff zone) 또는 섭입대(攝入帶, subduction zone)라고 한다. 판이 서로 갈라지는 해령이나 열곡대 지역에서는 그 하부의 맨틀 기원의 뜨거운 현무암질 마그마가 계속 상승하여 식어지고 굳어져 새로운 해양 지각을 만들게 된다. 또 먼저 굳어진 해양 지각은 중앙 해령(mid-oceanic ridge)에서 양쪽 바깥쪽으로 계속 밀려 이동하여 다른 지판과 마주치게 되어 이 지역에 지진, 화산 활동을 많이 발생시킨다. 이처럼 판의 상호 이동으로 인하여 주로 판의 경계부 지역에서 지진 활동, 화산 활동, 습곡 산맥 형성 등 지질학적 여러 현상을 일으킨다. 이 같은 내용을 체계화해놓은 학설이 판구조론이다. 판의 경계에 해당되지 않은 지역인 하와이나 기타 중국 대륙 내부 같은 지역에서도 지하의 맨틀에서부터 상승한 뜨거운 열류에 의해 만들어진 열점(hot spot)에 의해 지표에 화산 활동이 일어나기도 한다. 우리나라 제주도, 동해의 울릉도와 독도의 화산섬도 열점이나 맨틀 부분이 상승(mantle upwelling)하거나 맨틀 플륨(mantle plume)에 의해 생성된 것으로 보고 있다. 세계의 온천 분포가 이 같은 판구조론의 판의 경계 부분 부근에 밀집 분포하고 있다(그림 1-5 참고). 특히 화산 활동과 밀접하게 관련된 화산성 온천들이 많다. 환태평양화산대, 열점 지역, 중앙 해령 및 열곡대 지역이 여기에 해당된다. 한편 중국의 내륙 지역이나 인도 대륙 내부에서처럼 판의 경계와 직접 관련이 없고 화산 활동과도 전혀 관련이 없는 곳에 형성된 온천이 비화산성 온천이다. 그 외 판구조 운동과 관련된 심성암화성 활동과 관련된 비화산성 온천도 다수 형성되고 있다. 백두산 지역의 온천을 제외한 우리나라의 온천은 모두 비화산성 온천에 속한다.

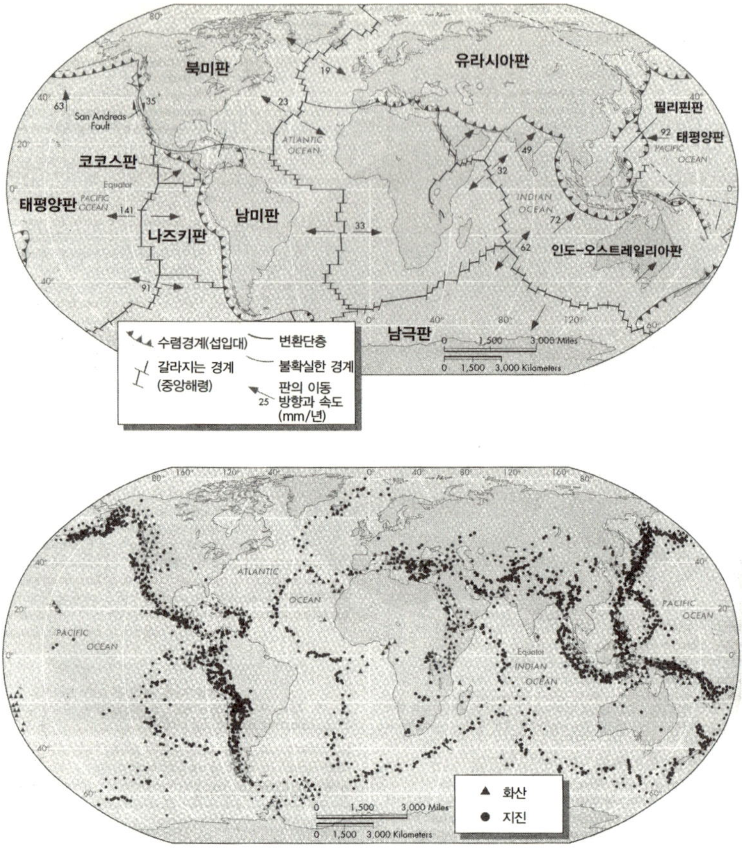

그림 1-5 지구는 크게 유라시아판, 태평양판, 미국판, 아프리카판 등으로 구성되어 있다. 판의 경계와 판의 이동 속도. 숫자는 판의 이동 속도를 가리킨다(위). 판의 경계부 지역에 분포하고 있는 화산 및 지진 분포도. 화산성 온천은 주로 화산, 지진대 지역에 밀집 분포하고 있다.

1-5 한반도 탄생 지질학사

46억 년 전 지구는 태양계 일원으로 우주 성간운으로부터 집적(集積) 과정에서 커다란 덩어리 지구를 탄생시켰다.

초기 지구는 뜨거웠으며 태양계의 다른 천체에서처럼 지구 표면에는 환원형 원시 대기로 덮여 있었다. 뜨거운 지구가 점차 식으면서 원시 대기의 수증기가 응축하여 200～300℃의 마그마오션(magma ocean)이라 불리는 뜨거운 바다가 형성되었다. 이때 지표에서는 수증기가 광분해($H_2O \rightarrow H_2 + O$)하여 산소의 양이 점점 증가하면서 산화형 대기로 점차 바뀌어져 지구상에는 산소를 호흡하는 생물계의 진화가 일어나게 되었다. 이때 지구 대기 상층권에 오존층이 두껍게 형성되어 태양으로부터 오는 자외선을 차단하여 지표의 생물을 보호하게 되었으며 광합성 작용으로 CO_2와 O_2의 자발적 조절이 이루어져 지표는 산소를 호흡하는 생물들의 천국으로 바뀌게 되었다. 약 30～35억 년 전 북반구에 위치한 앙가라 대륙 남단부의 인접한 바다에 퇴적물이 퇴적되기 시작하여 굳어진 지층이 오늘날의 한반도의 원초적 기반이 되었다. 즉, 오늘날의 경기, 낭림, 영남 육괴의 대륙 지각들이 한반도에서 가장 초기에 형성된 지각이다.

이 같은 사실은 한반도에서 최고기의 지층으로 알려진 연천-시흥-서산 일대에 분포하는 선캄브리아기(약 6억 년～46억 년 사이) 변성암 지층 내에 협재된 대리암에서 쉽게 알아볼 수 있다. 대리암은 석회암이 변성 작용을 받아서 만들어진 암석이고 석회암은 바다에서 퇴적되어 만들어진 암석이기 때문이다.

고생대(2억4천5백만 년～6억7천만 년 사이) 시기에 강원도 영월, 정선 지역과 평양 부근 지역은 얕은 바다로 되어 있었다. 고생대 바다에는 탄산칼슘($CaCO_3$)이 대량으로 침전 · 퇴적되어 석회암층을 이루어 오늘날 이 지역에 시멘트 산업이 발달하고 있다. 이 시기에 퇴적된 지층에서는 고생대 바다에서 번성하였던 삼엽충과 같은

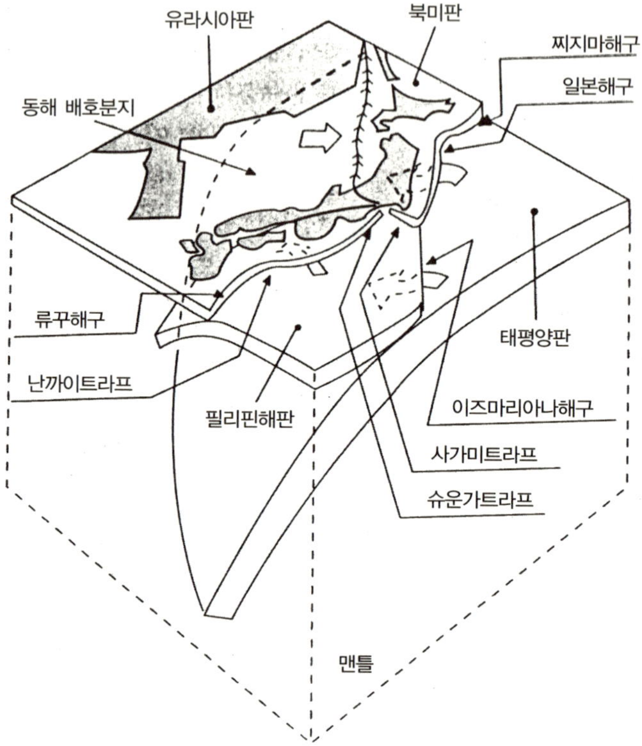

그림 1-6 한반도 주변의 판구조 모식도(鳥村, 1996). 한반도는 태평양판과 필리핀해판의 영향을 받고 있으나 일본 열도와는 달리 판의 경계에서 멀리 떨어져 있다.

해양 생물들의 화석이 다량 발견되고 있다. 또한 고생대 말 석탄기에는 한반도 역시 온난한 기후로 열대 삼림이 무성하였으며 이들이 매몰되어 탄화작용을 받아 오늘날 연료로 개발되고 있는 무연탄층을 형성하게 되었다.

중생대(6천6백만 년~2억4천5백만 년)는 경상도 지역에 거대한 호수가 만들어져 소위 경상 호수에 육성 퇴적층이 퇴적되어 마산, 진주, 대구, 의성, 청송, 왜관 지역에서 관찰되는 육성 퇴적암 지층을 만들었다. 중생대 퇴적 지층에서 공룡의 발자국, 공룡알 화석 등이

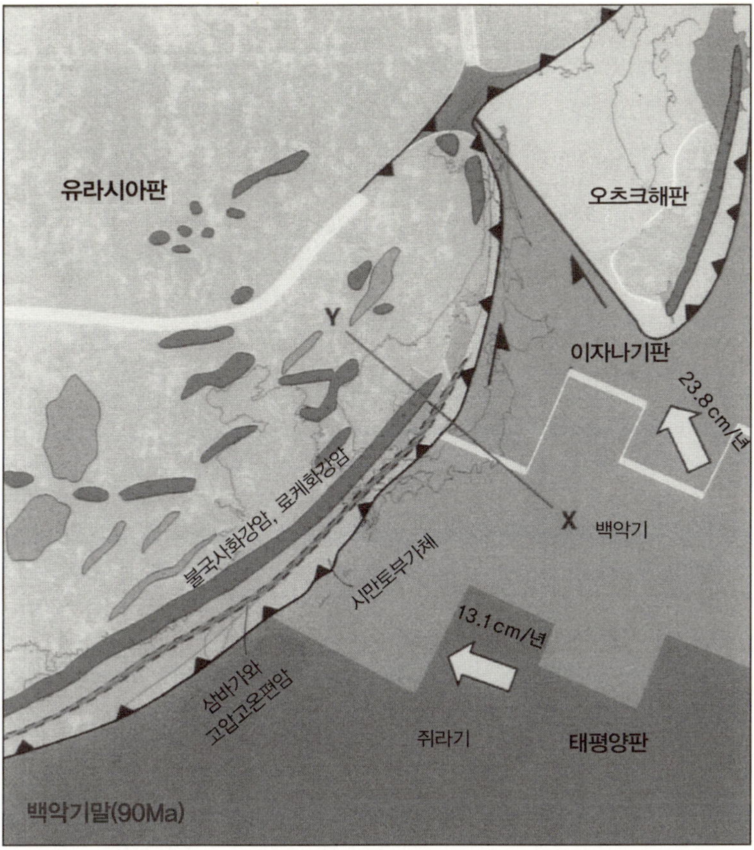

그림 1-7 백악기말(90Ma, Ma는 100만 년임) 유라시아판 동남부에 위치한 한반도 (Maruyama, 1997).

발견되어 한반도에도 공룡이 번성하였음을 알려주었다. 특히 중생대 쥐라기~백악기에가 한반도는 지구조적으로 불안정하여 격렬한 지각 변동과 화강암의 관입과 화산 분출이 빈발하였다. 특히 이 시기에 경상남북도와 전라남도 지역은 화산 활동으로 온통 불바다를 이루었었다. 현재의 한반도 주변의 판구조 모델은 그림 1-6과 같다. 중생대 말 한반도에서 공룡의 절멸은 운석 충돌보다 화산 폭발 때문

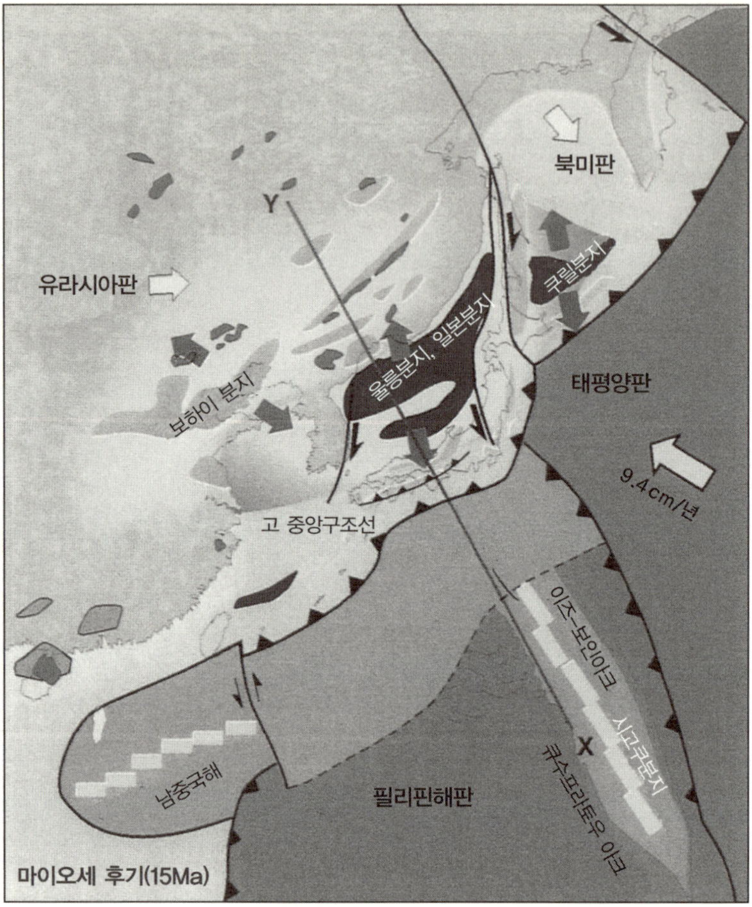

그림 1-8 마이오세 후기(15Ma)에 동해가 열리기 시작함 (Maruyama, 1997)

인지도 모른다.

신생대(6천6백4십만 년~현재)에 들어와서 포항, 감포, 북평 등 동해안 일부 해안 지역에 소규모로 해성 퇴적층이 퇴적되었다. 신생대 말(약 1천5백만 년 전)에 태평양판이 유라시아 대륙판 밑으로 섭입되는 판구조 운동으로 한반도의 동쪽 일부분의 지각이 갈라져 나

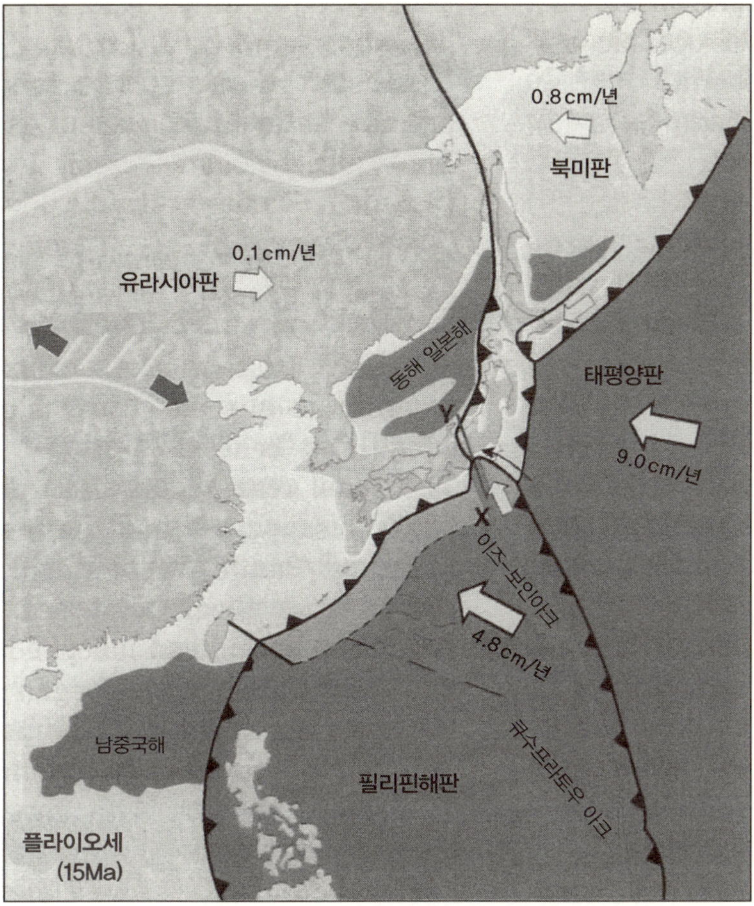

그림 1-9 플라이오세(5Ma)에 일본 열도가 한반도에서 떨어져나가 형태를 갖추기 시작함. 이때까지는 한반도와 일본 열도가 연결되어 있었다. (Maruyama, 1997)

가면서 동해 바다가 형성되었다(그림 1-7~1-10 참고). 일본 열도는 이 시기에 유라시아판 동남단의 한반도에서 떨어져나가 만들어진 호상 열도(도호, 島弧)이다. 동해가 열린 후에 동해 바다 밑에서 울릉도, 독도와 같은 화산 활동이 일어났으며 제주도, 백두산의 화산 폭발도 이 시기에 일어나기 시작하였다. 화산 폭발은 2백만 년 전부

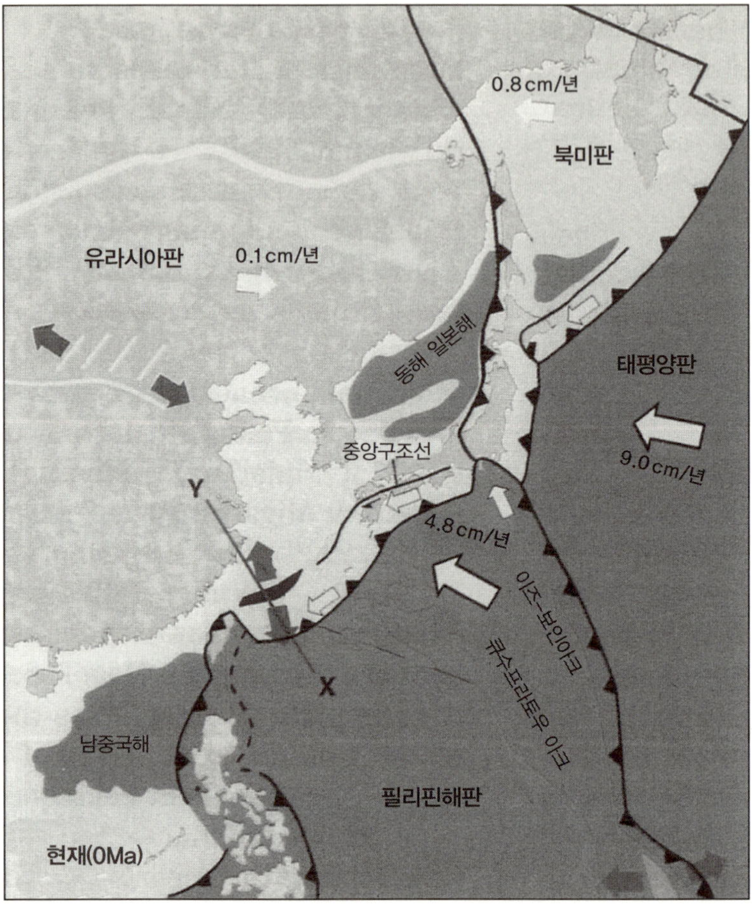

그림 1-10 현재의 한반도 주변의 판구조 모식도. 판의 경계에서 다소 멀리 떨어져 있지만 필리핀해판이 한반도 동남쪽에 섭입되고 있다. (Maruyama, 1997)

터 역사 시대(AD 1570년)까지 계속되었으나 일본과는 달리 우리나라의 화산은 현재는 모두 화산 활동이 중지된 상태에 있다.

이 같은 한반도의 형성 과정의 신비한 기록은 암석과 지층 속에서만 지질학자들이 찾아볼 수 있다. 왜냐하면 우리 인류의 시조가 불과 2백만 년 전에 지구상에 태어났기 때문에 어느 누구도 과거의 지질 현상을 관찰하고 기록으로 볼 수 없는 우리 인류의 탄생 역사 이전에 일어났던 지질학적 사건들이기 때문이다.

1-6 한반도 탄생과 온천의 형성 기원

한반도 온천의 형성 기원이라 하면 한반도에서의 온천 발견의 역사적 사실 규명과 온천의 형성 과정을 담은 온천수의 기원의 커다란 두 가지 관점에서 생각해볼 수 있다.

온천 발견의 역사적 사실 관점에서 본다면 지질학적으로 한반도가 형성된 후에 온천의 형성에서부터 한반도에서 한민족이 정착 후 역사적 기록에 의한 온천의 인문학적 역사를 생각해볼 수 있다.

한편 온천수의 형성 과정의 기원의 자연과학적 관점에서 본다면 온천의 기원은 지질학적, 수문학적, 지구화학적, 동위원소 지질학적인 과학적 연구 자료를 토대로 한 온천수의 기원이다. 즉, 온천의 형성 과정과 온천 수질의 특성을 중심으로 한 온천의 과학적 형성사를 정량적으로 분석하여 그 성인을 해석하는 것이다.

46억 년 전 지구가 태양계의 일원으로 형성된 후 뜨거운 지구가 식으면서 수증기가 응축하여 초기에 뜨거운 바다를 만들었다. 지구 형성 초기에는 지표면에 마그마오션이라는 거대한 뜨거운 온천바다가 형성되었다.

40억 년 전 지구 형성 초기에는 바다 전체가 뜨거운 온천 해수(溫泉海水)였다. 점차 지구가 식으면서 거대한 온천 바다에서 유기물이 형성, 원핵 세포 생물의 생명이 탄생하는 역사가 시작된다. 그 후 40

억 년의 긴 시간이 지난 후 고생대에 들어와서 비로소 해수는 오늘날 처럼 화학 성분도 유사한 차가운 바다로 변하고 삼엽충 등 많은 해양 생물이 번성하기 시작하게 된다. 비록 지구가 냉각되면서 지표는 현재처럼 식었지만 지구 내부는 아직도 중심부의 온도가 약 6000℃나 될 정도로 뜨거운 상태에 있다. 지판의 이동과 같은 지각 변동이나 암석 내의 방사성 광물의 붕괴로 인해 발생하는 열에 의해 지구 내부에서는 지역적으로 막대한 열이 발생하고 있다. 이 같은 열 에너지로 화산 분출이나 지열 에너지 등이 생성되며 지표에서 차가운 지하수가 지하로 유입되어 이들 열원에 의하여 지하수가 따뜻해져서 온천수가 만들어지게 된다.

선캄브리아기나 고생대에도 지구상에는 오늘과 유사한 지질 현상이 일어났으며 지각 하부에는 마그마가 형성되어 화성 활동이 일어났다. 따라서 이 시기에도 지구 표면에는 온천수가 형성되어 많은 동물이 온천을 즐겼을지도 모른다. 한반도에는 특히 중생대(6천6백사십만 년~2억4천5백만 년)에 거대한 조산 운동과 화성 활동이 일어났다.

다시 말하면 한반도 지각 하부 넓은 지역에 중생대 쥐라기에 마그마가 관입하여 지하에서 식기 시작하였으며 특히 한반도 남부에는 백악기 화강암의 관입과 안산암질 마그마의 화산 폭발이 격렬하였다. 전자의 쥐라기 화강암을 대보화강암(大宝花崗岩), 후자의 백악기 화강암을 불국사 화강암(佛國寺花崗岩)이라 부른다. 이 시기에는 이들 암석이 500~800℃의 뜨거운 마그마가 지하에서 식어서 오늘날의 이들 화강암이 만들어지게 된 것이다. 물론 이들 암석은 그 당시에는 오늘날처럼 지표에 노출된 것이 아니고 지하 수십 또는 수백

킬로미터 심부에서 식어 굳어진 후에 위에 덮여 있던 암석의 지층이 풍화 침식으로 모두 없어져 오늘날 비로소 지표에 노출된 것이다.

이때는 한반도 남부, 오늘날 경상남북도, 전라남도 지역에는 소위 화산 폭발과 관련된 화산성 온천이 수많은 곳에 형성되었음이 짐작된다. 고성, 해남 등에 서식하였던 공룡도 이 시기에 온천욕을 즐겼으며 대규모 화산 폭발로 인한 이상 기후 때문으로 한반도에서 공룡이 멸종하였는지도 모를 일이다. 중생대 백악기에는 오늘날의 일본처럼 이자나기 해양판(Izanagi oceanic plate)이 한반도 지각 하부를 섭입하면서 한반도 동남부 지역에 화성 활동이 활발하였던 것으로 지질학자들은 해석하고 있다. 이 시기에는 우리나라도 오늘날의 일본처럼 온천 천국이었음에 틀림없다.

그 후 신생대에 들어오면서 한반도 대륙은 지질학적으로 안정되기 시작하였다. 다만 제주도, 백두산, 울릉도, 독도 등 일부 지역에서만 화산 폭발이 일어났으며 이들 화산 폭발은 200만 년경부터 역사 시대까지 이어졌으며 역사기록에까지 남아 있다.

지금으로부터 약 200만 년 전후에 지구상에는 인류의 시조가 처음 등장하게 되어 구석기 · 신석기 시대를 거쳐 오늘날의 역사 시대로 이어지게 된다. 경기도 전곡 지역에 분포하고 있는 한탄강 현무암 용암층 하부에 구석기 시대 유물이 출토되었다. 구석기 시대의 우리 선조는 전곡 지역의 신생대 제4기 용암 분출을 보았을 것이다.

현재 한반도에 분포하고 있는 온천들은 대부분 이 시기부터 형성되어 온천의 역사가 이때부터 시작된다.

우리나라 온천 발견의 역사적 기록은 전설에서부터 시작된다. 앞에서 설명한 온천 발견의 역사에서 보듯이 우리나라 온천은 지금까지 전설이나 지명의 유래에서 많은 온천이 발견되었다. 예를 들면, 한국 고유의 길조인 학(鶴)이나 노루가 다친 상처를 치유한 장소라든가 선녀가 온천욕을 즐겼다든가 하는 전설에서 유래한 온천이 많다. 이 같은 사실은 전통적인 온천은 모두 지표까지 온천수가 자연용출되었음을 의미하고 있다. 온천 발견 역사는 김부식의 『삼국사기(三國史記)』(仁宗)에 온양온천 기록을 시작으로 16종의 고문과 『고려사(高麗事)』(世宗-文宗) 『세종실록지리지』와 노사신(盧思愼)의 『동국여지승람(東國與地勝覽)』 등에도 온천 기록이 있다. 앞에서 설명한 바와 같이 용재총화의 기록에서처럼 온천의 형성 성인에 대한 과학적인 조사 기록이 남아 있다. 물론 오늘날의 지질학적인 해석에서와는 다소 벗어나고는 있지만 온천의 신비함을 해석하려는 선인들의 의지가 표현되어 있다. 특히, 북한에는 45여 곳의 온천이 알려져 있으며 주로 함경북도 청진, 길주 지역과 황해도 지역에 밀집 분포하고 있다. 온천 지명이 과거 자료와 현재 자료 사이에 다르게 사용되고 있는 곳도 많이 있다.

북한의 온천은 주로 중생대 화강암체 주위에 분포하고 있으며 길주-명천지구대 주위와 황해도 백천-해천에서도 화강암체와 단층구조선의 발달 지역과 밀접히 관련되어 온천이 분포하고 있다. 탄산약수 역시 『동국여지승람』에 "청주에는 초수가 있는데 물은 따뜻하지 않으나 그 냄새가 후추와 같아서 이 물로 씻으면 안질이 잘 낫는다고 사람들이 말하였다" 라는 기록에서 탄산 약수를 의미하고 있음을 알 수 있다.

이처럼 한반도에는 온천, 광천, 탄산천 등이 고대로부터 지금까지 많이 알려져 있다.

1-7 한반도의 지각 열류량

한반도의 온천은 대부분 온도가 60~90℃로 낮으며 심도도 비교적 얕은 곳에서 용출되고 있다. 우리나라의 온천은 어떻게 만들어졌을까? 한반도의 땅속은 어디가 뜨거운가? 지각의 열원이 있어야 지하에 물(지하수)이 따뜻하여져 온천이 만들어질 수 있다. 한반도 지각의 따뜻한 정도를 조사할 필요가 있다. 한반도가 우선 지질학적으로 판구조론적으로 따뜻하여질 수 있는 지역인지가 중요한 조건이 될 수 있다.

한반도는 판구조론적으로도 유라시아판의 동남단의 안정대륙 일부분으로 태평양판이 유라시아판 밑으로 섭입되는 경계에서 비교적 멀리 떨어져 있어 현재에는 판구조 운동으로 인하여 따뜻해질 수 있는 지역이 아니다. 한반도의 온천은 대다수 판구조 운동과 직접적인 관련이 없는 곳에 형성된 비화산성 온천이다. 비화산성 온천은 직접적인 화산 활동과 관련이 없이 지온구배(보통 0.5~3℃/100m 증가함) 때문으로 지표에서 지구 내부로 감에 따라 온도가 증가하여 따뜻하게 되어 만들어진 것이다. 한반도의 평균 지하증온율은 26.9℃/km이다(정승환, 박영수, 1999). 또 지역적으로는 화강암류 내의 방사성 광물 기원에 의한 열원으로 지하수가 따듯하여지게 되어 만들어질 수도 있다. 지각 열류량(heat flow)이란 지구 내부에서 지표로 이동하는 열류의 양을 말한다. 지구 내부에는 지구 생성 당시의 열, 암석 내의 방사성 광물 붕괴 시에 발생한 열이 전도, 방사와 대류에 의해 지표로 이동된다. 지표에서 500m 깊이의 시추공을 뚫고 시추공

표 1-1 남한의 지열류량 측정 결과 (김형찬, 2004)

지질시대	암석 유형	지각열류량(평균치, mW/m^2)
신생대 제3기	퇴적암 (연일층군)	91
중생대	퇴적암, 화산암(유천층군)	62
중생대	퇴적암 (하양, 능주, 진안층군)	75
중생대	퇴적암 (신동층군)	77
중생대	화강암류 (대보화강암)	64
중생대	화강암류 (불국사화강암)	64
중생대	엽리상 화강암	60
중생대	퇴적암 (대동누층군)	87
고생대	퇴적암류 (회동리층,석회암)	87
	퇴적암류	59-67
시대미상	변성암 (옥천층군)	60-68
선캄브리아기	변성암 (서산층군)	50
(원생대)	화성암 (아놀소사이트)	65
선캄브리아기	변성암	
(시생대)	변성암류	60-62

내의 온도 검층과 암석의 열전도도를 측정하여 열류량을 구한다.

시추공에서 지온구배 dT/dZ(T: 온도, Z: 심도)와 암석의 열전도 K를 측정하면 열류량은 $Q = Kd \times T/dZ$ 식에서 계산된다. 이 같은 지열류량 측정을 위해서는 지표에서 많은 시추공이 있어야 하나 많은 비용이 들기 때문에 국내에서는 제한적으로만 측정되어 있다. 그러나 그림 1-11에서와 같이 일본 열도 주변에서는 1500점의 많은 측정 자료가 보고되었다.

김형찬(2004)에 의해 남한에서 측정한 247개 자료에서 보면 가장 높은 지열류량 값은 $91mW/m^2$으로 포항 지역 신생대 제3기 연일층

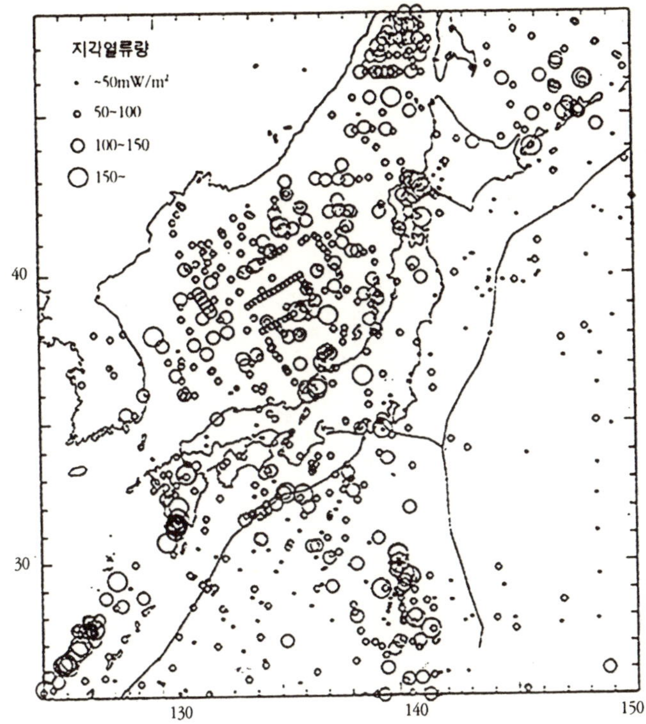

그림 1-11 한반도 주변의 지각 열류량 (야마노와 나가오, 1976)

군(셰일, 사암, 이암층으로 구성) 분포 지역이다. 반면 선캄브리아기의 변성암 지역인 서산 지역이 50mW/m^2로 가장 낮게 나타났다(표 1-1 참고).

특이한 사항은 중생대 화강암 지역에 비하여 퇴적암 지역인 포항 지역에서 지열류량이 높게 나타나고 있다는 점이다. 이 같은 현상을 퇴적암 지역 지각 하부에 중생대 화강암류가 존재하며 이를 화강암체 상부에 열전도도가 낮은 퇴적암류가 열방출을 막는 덮개 역할을 하였기 때문으로 해석하였다(김형찬, 2004). 남한의 평균 지각 열류량은 67mW/m^2이며 쥐라기 또는 백악기의 화강암류 분포 지역이

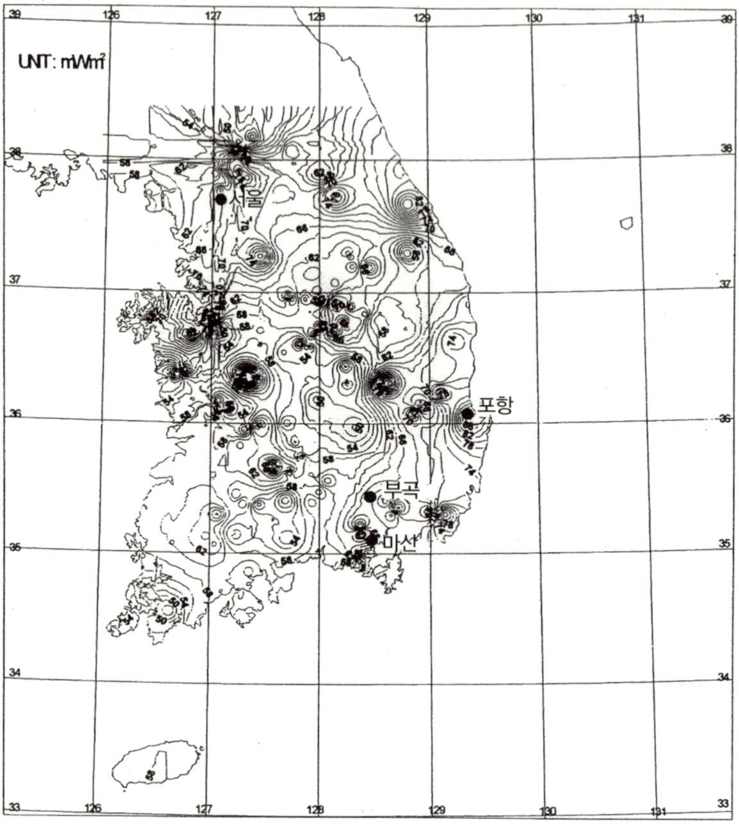

그림 1-12 남한의 지각 열류량 분포도 (정승환 · 박영수, 1999)

높고 포항, 마산, 부곡 일대가 지열이상대로 조사되었다(그림 1-12 참고). 보통 지열류량이 높은 지역은 젊은 단층대나 구조선과 밀접한 관계가 있으며 모암과는 직접적인 관련성이 나타나지 않았다(김형찬, 2003).

한반도에서 지열류량이 높은 지역은 포항 지역과 울산 지역이다. 포항 지역은 신생대 제3기 퇴적암층이 분포하고 있으며 모호 불연속면 깊이도 기타 지역에서보다 상대적으로 얇다. 과거 석유 개발을 위해 포항지역에서 여러 곳의 시추를 하였다. 그 중 포항시 운홍동 지역 시추공에서 온천수가 용출되었다.

그림 1-12에서 보면 지열류량이 높은 지역은 기존의 전통적으로 알려진 온천 지역과 비교적 잘 일치하고 있다. 부곡, 마산 지역이 지열 부존 가능성이 높은 지역으로 조사되어 정승환, 박영수 연구팀은 지열 개발 모델을 제시하였다.

1-8 한반도 온천의 열원의 기원

비화산성 온천 지역의 지하의 열원의 기원 해석은 쉽지 않다. 화산성 온천의 경우 대체로 판운동에 의하여 판의 경계부에서 판의 섭입이나 판이 갈라지는 부분에서 높은 엔탈피 유체가 만들어지며 화산, 지진 활동과 함께 온천도 다수 만들어지고 있다. 화산이 많은 일본의 경우 화산성 온천이 많지만 판의 섭입으로 형성된 화산 프론트(volcanic front) 내측에 분포하고 있는 온천은 판구조 운동과 관련된 마그마 활동과는 직접적 관련성이 낮은 비화산성 온천이 다수 분포하고 있다. 일본의 비화산성 온천의 열원 해석을 위하여 지온구배 자료가 대단히 중요함을 강조하고 있으며 지구물리, 지구화학, 지구열학 등의 학문에서 대단히 많은 연구가 수행되고 있음에도 불구하고 아직도 많은 비화산성 온천의 열원은 수수께끼로 남아 있다(나카무라〔中村〕, 1994).

비화산성 온천의 경우 열원의 직접적인 증거를 찾기는 대단히 어렵다. 주로 지하 증온율(지온구배)과 U, Th, K 등 방사성 동위원소를 다량 함유한 화강암질암 내에 이들 방사성 광물의 붕괴 시에 생성된 에너지로 보고 있다.

지구는 생성 당시 뜨거운 상태에서 식어 현재에 이르렀기 때문에 지구 내부는 6000℃ 정도로 고온 상태에 있다. 때문에 지표에서 지구 내부로 감에 따라 온도가 증가하고 있다. 이것을 지하 증온율(지온구배)이라 하며 보통 0.5~3℃/100m 증가하고 있다. 화강암이 열원으로 추정되기도 하며 화강암이 기타 암석에 비해 더 많은 열을 발생하고 있는 것으로 알려져 있다. 왜냐하면 화강암은 기타 암석에 비하여 U, Th 등 방사성 광물의 함량이 높기 때문이다. 그래서 화강암체 내의 이들 방사성 광물의 붕괴 시에 많은 에너지를 발생하게 된다고 보고 있다. 그리고 지구 심부 지각 하부 상부 맨틀에서도 고온의 열류(맨틀 플륨, mantle plume)가 지표로 상승하여 상부 맨틀이나 하부 지각에서 마그마를 형성하기도 한다. 플륨은 주로 열점(hot spot) 기원하부 심부 맨틀에서 유래하고 있는 것으로 알려져 있다. 맨틀 플륨기원의 헬륨 동위원소비는 $50R_A$($1R_A = 1.6 \times 10^{-6}$) 이상으로 대단히 큰 값을 가진다.

지구 심부 기원의 맨틀 기원 열류의 상승은 영족기체 온천 가스 분석에서도 조사할 수 있다. 최근 한반도의 온천 가스 영족기체 동위원소 분석 연구에서 맨틀 기원의 헬륨 가스의 존재가 확인되었다. 분석 결과에서 우리나라 온천수 중의 $^3He/^4He$ 동위원소 비가 0.04×10^{-6}(홍성 지역)에서 3.3×10^{-6}(오색온천)의 넓은 범위를 가지는 것이 확인되었다. 우리나라의 대부분의 온천수 중에 포화되어 있는 가스와 온천 가스는 지구 대기의 He 동위원소비 값(1.4×10^{-6})보다 낮은 값을 나타내고 있다. 그러나 지구 대기, 맨틀과 지각의 3성분

동위원소 성분 모델 계산에 의하면 많은 시료에서 맨틀 기원의 ^{3}He이 포함되어 있었다. 특히 오색온천의 He은 지구 심부 맨틀 기원으로 조사되었다. 이 지역 지각은 상부 맨틀 기원의 가스가 지표로 분출될 수 있는 지질 구조 발달이 예상된다. 헬륨(He) 이외의 영족기체 가스는 대부분 대기 기원으로 확인되었다.

남한에서 온천의 용출 온도가 가장 높은 부곡온천(78℃)에서도 맨틀 기원 He 동위원소 특성이 오색에서와 유사한 현상이 나타나고 있다. 이 지역 온천 주변 경상누층군의 퇴적암층 하부에 백악기 불국사 화강암의 존재 가능성을 시사하고 있다.

1-9 우리나라 온천수의 지화학적 수질 특성

지표수가 땅속으로 스며들어가 지하에 공극율이 높은 암층(대수층이라 부름)이나 암층의 파쇄대 내에 저장되어 있던 지하수가 그 하부의 열원에 의해 따뜻하여져 온천수가 만들어진다. 그런데 온천마다 온천수의 천질, 즉 화학적 특성이 다르다. 예를 들면 해운대온천, 부곡온천, 백암온천 등 모든 온천수의 천질(화학 성분)이 제각기 다르다. 왜냐하면 지하수가 땅속에서 암석과 반응(water-rock interaction)하여 암석에 들어 있는 성분이 녹아나가거나 주위 암석이나 지층에서 기타 성분이 유입되어 온천수의 성분이 되기 때문이다. 예를 들면 온천수가 화강암 대수층에서 물과 반응하여 암석 중의 조암 광물 중 사장석이나 정장석 광물 내의 양이온이 빠져나온다. 즉 다음 반응식에서처럼 나트륨, 칼륨, 칼슘(Na^{+}, K^{+}, Ca^{2+}) 등의 이온이

표 1-2 해운대온천수와 동래온천수의 화학 성분 비교 (자료: 김규한, 최현정, 1998)

	해수(mg/l)	해운대(mg/l)	동래(mg/l)
Na^+	1056	870	226
Cl^-	1898	2726	206
SO_4^{2-}	265	199	75
Mg^{2+}	127	5.9	0.5
Ca^{2+}	40	344	74
K^+	38	30	4.5
HCO_3^-	14	39	68
Sr^{2+}	1.3	14.9	2.4

물속에 용출되어 온천수의 성분이 되기도 한다.

$$2NaAlSi_3O_8 + 2CO_2 + 11H_2O \rightarrow Al_2Si_2O_5(OH)_4 + 2Na^+ + 2HCO_3^- + 4H_4SiO_4$$

$$CaAl_2Si_2O_8 + 2CO_2 + 3H_2O \rightarrow Al_2O_5(OH)_4 + Ca^{2+} + 2HCO_3^-$$

$$\underset{\text{정장석}}{4KAlSi_3O_8} + 4H^+ + 2H_2O \rightarrow 4K^+ + \underset{\text{고령토}}{Al_4Si_4O_{10}(OH)_8} + 8SiO_2$$

또한 해성 퇴적암 지역 대수층에서 물과 반응하여 생성된 온천수에는 퇴적암층 내에 존재하던 SO_4^{2-}, Na^+, Cl^- 등이 다량 용출되어 온천수에 포함되게 된다. 해안에 가까운 지역에 위치하고 있는 해운대온천은 동해 바닷물이 지하에서 온천 지역으로 침투하여 담수인 지하수와 섞여 해수 성분이 우세한 해수 온천수를 만들게 되었다(그림 1-13 참고). 북한의 연안온천(구 마산온천) 역시 해수의 영향을 크게 받고 있다. 때문에 이들 온천은 해수와 유사한 염수온천이 된다. 바다에서 멀리 떨어져 있는 동래온천수와 해안에 인접한 해운대온천

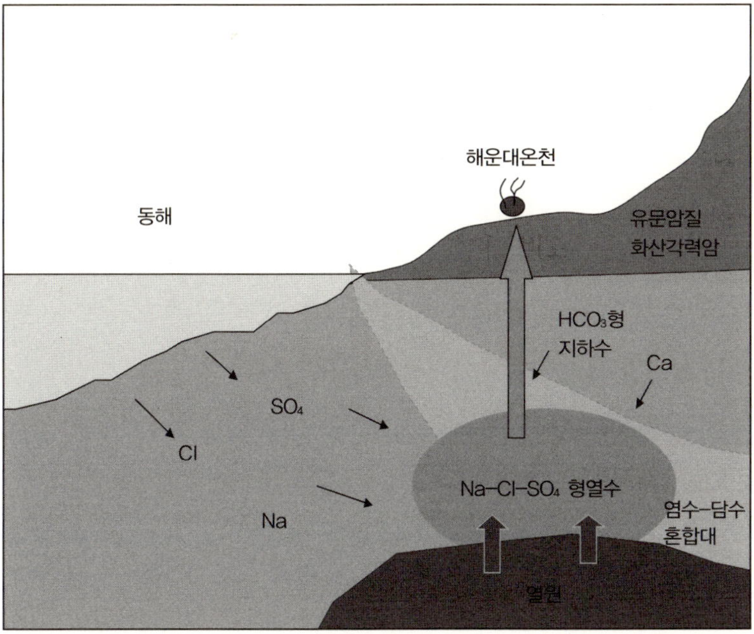

그림 1-13 해운대온천의 생성 모델, 해수와 담수가 혼합된 혼합대 대수층의 물이 지하 열원에 의해 가열되어 $Cl^{-}-SO_4^{2-}$형 온천수가 형성된다.

수는 온천수의 화학 성분이 현저히 다르다(표 1-2 참고).

따라서 온천수의 화학 성분이나 천질은 온천이 분포하고 있는 지역적 지리적 위치나 그 지역에 분포하고 있는 암석에 따라 크게 달라진다(그림 1-14 참고). 즉, 온천 분포 지역의 지형적, 지리적, 지질학적 조건에 따라 온천수의 천질(화학성분)이 달라지게 된다. 그리고 온천의 수온과 온천수가 지하에서 정체하는 시간에 따라 온천수의 화학 성분이 달라질 수도 있다.

이처럼 온천수 내의 주요 화학 성분은 주로 (1) 온천수가 포함되어 있는 토양, 지층, 암석 등의 고체 물질에서 녹아나오든가 온천수가 올라오는 통로에 위치한 고체 물질에서 녹아들어가기도 하고 (2)

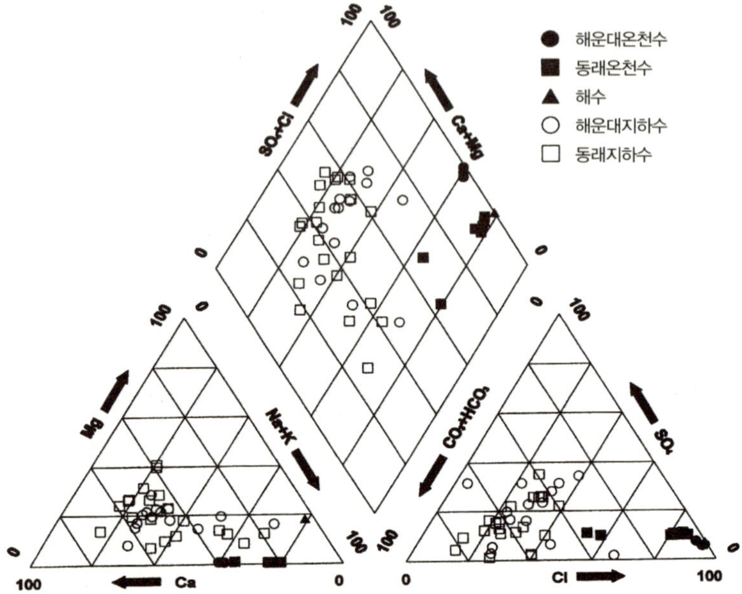

그림 1-14 해운대온천과 동래온천 지역의 온천수와 지하수의 용존화학조성 (성규열 외, 2001)

지하수, 해수, 지표수, 화석수 등의 액체 상태의 기원이 다른 물에서 흘러들어가기도 하며 그리고 (3) 화산 가스, 변성 작용, 교대 작용, 생물의 물질대사 시에 발생한 가스가 온천수로 유입되기도 한다.

1-10 온천수의 분류

온천수의 수질 특성은 주로 탄산이온(HCO_3^-), 염소이온(Cl^-), 황산염이온(SO_4^{2-}) 등 용존 이온들의 농도에 따라 분류한다. 예를 들면 탄산 이온을 주성분으로 하는 중탄산염천, 염소 이온을 주성분으로 하는 염화물천, 황산 이온을 주성분으로 하는 황산염천 등으로 분류한다. 그러나 현재 대부분의 온천수는 임상학적 효과가 입증된 부성분을 기준으로 요양천이라는 개념으로 분류하여 사용하고 있다. 예를 들면 단순온천은 25℃ 이상 온도로 CO_2 농도가 1000mg/l 미만인 온천으로 주로 탄산 이온과 칼슘이온과 마그네슘이온이 포함된 온천수를 말한다. 온천수에 이산화탄소(CO_2) 1000mg/l 이상 들어 있고 용존 고형물질이 1000mg/l 미만 들어 있는 경우를 단순탄산천이라 한다. 중탄산희토류천은 고형물질이 1000mg/l 이상 들어 있고 탄산 이온과 칼슘과 마그네슘이온 성분이 주인 온천이다. 나트륨천에는 탄산 이온, 나트륨 이온을 주성분으로 하며 이산화탄소 1000mg/l 이상 포함되어 있다. 식염천은 주로 염소(Cl), 나트륨(Na) 이온으로 되어 있는 온천을 말한다. 황산염천은 황산염이온을 주로 하며 기타 이온으로 마그네슘, 나트륨, 칼슘, 염소이온 등을 포함하고 있다. 철천은 온천수 내에 20mg/l 이상 철 이온을 함유하고 있는 온천이다. 그리고 양이온으로 알루미늄 이온(Al^{3+}) 100mg/l 이상 함유하며 황산염도 다량 함유된다. 황천은 2mg/l 이상의 황을 포함한 온천으로 황(S)을 주로 하는 황천과 황화수소(H_2S)를 주로 하는 황화수소천으로 구분된다. 그리고 수소 이온농도(pH)가 3 이하인 온천은 산성천이라 하고 라돈을 3/10억 큐리 이상 함유하거나 라듐을 10^{-7}mg/l 이상 함유한 온천을 방사능천이라 한다.

우리나라의 온천은 대다수 단순온천(백암온천, 척산온천, 덕구온천, 오색온천), 중탄산토류천(도고온천, 덕산온천, 이천온천, 온양온천, 수안보온천, 유성온천), 황산염천(해운대온천, 부곡온천, 마금산온천, 동래온천)에 해당된다. 온천수 용존 이온 중 양이온은 주로 규소, 칼슘, 나트륨, 칼륨, 알루미늄, 마그네슘 등이고 주요 음이온은 염소, 탄산, 황산염이온 등이다. 가스 성분으로 황화수소가 부곡온천, 도고온천, 백암온천, 수안보온천 등에서 산출되고 있다. 해운대 온천은 황산염, 식염천으로 나트륨, 염소, 황산염이온 함량이 대단히 높은 편이다. 부곡온천, 마금산온천, 동래온천에서도 SO_4^{2-} 농도가 비교적 높다.

우리나라 온천수의 수소 이온농도(pH)는 7.4~9.5로 약알칼리성 내지 알칼리성 온천에 해당된다. 온천수의 수온은 25.0~74℃로 73.6℃인 부곡온천이 남한에서 가장 높고 기타 온천은 수온이 40~60℃ 내외이다.

제2장 한반도의 온천 개요

한반도에 분포하고 있는 전통적으로 알려진 자연용출 온천은 60여 개 지역으로 남한 지역에 14개소, 북한 지역에 45여 개소로 알려져 있다. 전통적으로 알려진 온천 외 남한에는 시추 탐사에 의해 새로 개발된 온천공과 온천 휴양지를 합하여 최근 약 100여 개소가 알려져 있다. 계속해서 온천 개발이 활발히 진행되고 있어 최근 개발 · 이용되고 있는 온천이 점점 증가하고 있다. 이 책에서는 주로 전통적으로 과거부터 알려진 온천을 중심으로 간략히 소개한다. 그리고 북한 온천의 최근 연구 정보의 입수가 제한되어 주로 과거에 발행된 연구 자료를 중심으로 요약하였다. 오늘날 고도의 경제 성장과 함께 시민 생활이 향상됨에 따라 휴식, 리허빌리테이션(rehabilitation), 치료 목적으로도 많은 사람들이 온천과 탄산천을 활용하고 있다. 특히 북한에는 남한에서보다 더 많은 온천이 분포하고 있어 남북 교류와 통일 후에 우리가 활용할 문화 휴식 요양 공간으로도 크게 기대된다. 남한과 북한의 온천에 대하여 온천의 위치, 화학 성분, 치료 효능 등의 내용을 중심으로 각 온천에 대하여 간략히 요약하면 다음과 같다.

2-1 남한의 온천

남한에는 옛날부터 14곳의 전통적인 자연용출 온천이 알려져오고 있다. 동해안 속초 부근에 있는 척산온천, 오색온천과 울진 부근의 덕구온천, 백암온천, 부산 지역의 동래온천, 해운대온천, 마산 지역의 마금산온천, 부곡온천이 있다. 그리고 서해안 지역 부근의 덕산온천, 도고온천, 온양온천, 한반도 중부 지역의 이천온천, 수안보온천이 있다. 이들 대부분의 온천이 화강암체의 분포와 밀접히 관련되어 있다. 이들 온천에 대하여 요약하면 다음과 같다.

(1) 동래온천(東萊溫泉)

위치 : 부산직할시 동대구 온천동

천질 : 황산염천

온도 : 57~64℃ (pH 7.8)

주요성분 : Ca^{2+}, K^{+}, Na^{+}, Sr^{2+}, Cl^{-}, HCO_3^{-}, SO_4^{2-}

효능 : 신경통, 만성 류마티스, 관절염, 요통, 스트레스 해소, 근육통 등

전설에 의하면 백로가 하늘에서 내려와 멱 감는 것을 본 주민이 이를 기이하게 여겨 얕은 샘을 파고 목욕한 곳이 오늘의 동래온천이라 한다. 『동국여지승람』에 신라의 왕이 이곳에서 목욕하고 구리 기둥으로 표시하였으며 이때 온천의 온도는 닭을 익힐 수 있는 정도였고 병을 가진 사람은 목욕만 하면 낫는다는 기록이 남아 있다. 지하

철 온천장 역에서 나가면 과거부터 전통적으로 이용하여오던 온천탕을 도시 현대화에 의하여 시설을 현대화한 대형 온천탕으로 변화된 모습을 볼 수 있다. 그 외에도 온천공을 다수 개발하여 사용하고 있다.

온천수는 백악기(6천5백만 년~1억4천만 년)의 아다멜라이트암과 안산암질암 내에서 용출되며 주요 성분의 이온농도(단위, mg/l)는 칼륨(K^{+}) 4.5, 칼슘(Ca^{2+}) 74.4, 마그네슘(Mg^{2+}) 0.5, 나트륨(Na^{+}) 226.0, 스트론튬(Sr^{2+}) 2.4, 염소(Cl^{-}) 206.3, 탄산염(HCO_3^{-}) 68.3, 황산염(SO_4^{2-}) 74.6으로 되어 있다(부록 1 참고).

(2) 해운대온천(海雲臺溫泉)

위치 : 부산직할시 해운대구 중1동

천질 : 식염천, 황산염

온도 : 46~62℃ (pH 7.4~7.8)

주요성분 : Na^{+}, Cl^{-}, SO_4^{2-}, Ca^{2+}, K^{+}, F^{-}

효능 : 만성류마티스, 신경통, 관절염, 혈액순환장애, 요통, 근육통 등

해운대온천은 해운대 해수욕장 부근에 위치하여 동해 바다를 접해 해변의 야경이 아름답기 그지없다. 신라 진성여왕이 온천수로 병을 치료하였다는 이야기도 있다. 해운대온천은 백악기 유문암, 안산암 지역에서 유출되는 식염천으로 나트륨과 염소이온의 농도가 높은 남한에서 유일한 해수-담수 혼합형 온천이다. 동해 바닷물이 해운대 온천 지역 지하로 스며들어 육지의 담수와 혼합된 물이 지하의

뜨거운 열원에 의하여 따뜻해진 것이다. 약알칼리성(pH 7.4~7.8)을 띠며 주요 성분의 이온농도(단위, mg/l)는 나트륨 870, 칼슘 344, 칼륨 30, 불소 3.5, 염소 2726, 황산염 199이다.

이처럼 해운대온천은 Na, Cl의 이온 농도가 해수의 농도와 유사한 해수와 담수가 적절히 혼합된 천연 해수온천으로 담수에 비해 해수의 혼합비가 크다.

(3) 덕구온천(德邱溫泉)

위치 : 경상북도 울진군 북면 덕구리

천질 : 단순온천

온도 : 41℃ (pH 9.0~8.9)

주요성분 : Na^+, Si^+, Ca^{2+}, K^+, F^-, Cl^-, SO_4^{2-}, HCO_3^-

효능 : 신경통, 류마티스, 피부 질환, 근육통, 위장병 등

덕구온천은 태백산맥의 동해안 계곡 부근에서 용출되는 심산유곡에 위치하고 있다. 매봉산 기슭 골짜기에서 자연 용출된 온천수를 작은 통나무집 온천탕에 받아 지역 주민들이 이용하여왔다. 최근에는 이 지역 부근에서 시추하여 개발된 온천수를 약 4km 떨어진 계곡 입구 부근에 현대식 온천장을 건축하여 이용하고 있다. 백암온천과 유사하게 중생대 화강암체 내에서 용출되며 천질도 백암온천과 유사하다. 알칼리성 온천으로 주요 성분의 이온농도(단위, mg/l)는 나트륨 106.4, 칼슘 3.1, 칼륨 0.1, 불소 13.6, 염소 5.1, 황산염 6.2, 탄산염 83.0이다. 불소의 함량이 높은 불소온천이다. 그러나 백암온천에서 산출되고 있는 황화수소는 검출되지 않는다.

(4) 백암온천(白岩溫泉)

위치 : 경상북도 울진군 온정면 온정리

천질 : 단순온천

온도 : 42～53℃ (pH 8.8～9.5)

주요성분 : Na^{+}, Si^{+}, Ca^{2+}, F^{-}, Cl^{-}, SO_4^{2-}, HCO_3^{-}

효능 : 만성피부염, 동맥경화증, 당뇨병, 신경통, 관절염, 변비, 기관지, 간 질환 등

신라 시대 한 사냥꾼이 창에 맞은 사슴을 쫓다가 날이 저물어 다음날 계속 찾았으나 행방을 알 수 없었다. 사냥꾼이 이상히 여겨 그 부근을 계속 정밀 탐색하던 중 은신처를 발견하였는데 그곳에서 온천수가 용출하고 있음을 알게 되어 이곳이 평해온천(고려사, 세종실록지리지, 동국여지승람에 기록)으로 기록되어 있다(온천지,1983). 1979년 국민 온천 관광지로 개발되어 현대식 온천 관광 타운을 만들었다. 중생대(?) 화강암체 내에 용출되는 알칼리성 온천으로 불소(F)와 황화수소(H_2S)가 산출됨이 특이하다. 주요 성분의 이온농도(단위, mg/*l*)는 나트륨 45.5, 칼슘 1.8, 불소 5.0, 염소 7.7, 황산염 15.3, 탄산염 71.6이다. 황화수소 때문에 탕 내에서 달걀 썩은 냄새가 약하게 풍긴다.

(5) 온양온천(溫陽溫泉)

위치 : 충청남도 아산군 온양읍 온천리

천질 : 중탄산 토류천

온도 : 45～57℃ (pH 9,2～8.6)

주요성분 : Si^+, Na^+, Ca^{2+}, Al^{3+}, F^-, Cl^-, SO_4^{2-}, HCO^{3-}

효능 : 류마티스, 근육통, 신경통, 위장병, 피부 질환 등

백제시대에는 뜨거운 물이 나온다 하여 지명이 "온정(溫井)"으로 표기되었고, 고려시대에는 "온천(溫泉)", 조선시대에는 "온양(溫陽)"으로 지명이 점차 변경되었다(온천지, 1983). 옛 왕들이 순례한 곳으로 세조가 1458년 이곳에서 입욕 후 신정(神井)이라 명명하고 그 때 세운 기념비인 신정비(神井碑)가 아직도 남아 있다. 이처럼 온천의 발견 역사가 길고 선조들이 온천 휴양지로 즐겨 찾던 유서 깊은 지역으로 이와 관련된 역사 유적이 남아 있다. 백악기 화강암체 내에서 용출되는 알칼리성 온천이다. 주요 성분의 이온농도(단위, mg/*l*)는 규소 19.8, 나트륨 67.8, 칼슘 3.6, 불소 1.7, 염소 41.4, 황산염 20.4, 탄산염 118.4이다.

(6) 덕산온천(德山溫泉)

위치 : 충청남도 예산군 덕산면 사동리

천질 : 중탄산 토류천

온도 : 42~43℃ (pH 9.0~8.1)

주요성분 : Na^+, Si^+, Ca^{2+}, F^-, Cl^-, SO_4^{2-}, HCO_3^-, Sr^+

효능 : 위장병, 신경통, 류마티스, 피부 질환, 근육통 등

충실(忠室, 李栗谷先生著)에 의하면 서기 1500년경 이곳 논 한가운데 학 한 마리가 온종일 날 줄 모르고 있는 것을 기이하게 여긴 농부가 가까이 가보니 날개와 다리를 다친 학이 논에서 물을 바르고 있

었는데 3일 후 학은 완치되어 날아갔다고 한다. 1918년부터 욕탕 시설을 짓고 1947년에 지구유(地球乳)라 명명하고 그 자리를 약수터로 사용하였고 그 후 온천골이라는 마을 이름을 붙였다는 것이다. 덕산온천은 쥐라기 화강암체 내에서 용출되는 알칼리성 온천이다. 주요 성분의 이온농도(단위, mg/l)는 나트륨 107.6, 칼슘 15.6, 알루미늄 1.0, 불소 3.2, 염소 16.7, 황산염 14.5, 탄산염 125.7이다.

(7) 부곡온천(釜谷溫泉)

위치 : 경상남도 창녕군 부곡면 거문리

천질 : 황산염천

온도 : 50～76℃ (pH 9.2～9.1)

주요성분 : SO_4^{2-}, Na^+, Cl^-, Ca^{2+}, K^+, HCO_3^-, H_2S, B

효능 : 만성피부염, 신경통, 동맥경화증, 당뇨병, 변비, 금속중독, 관절염 등

『용제총화(鏞濟總話)』 기록에 의하면 영산현에 있는 온천은 온도가 낮아 뜨거운 돌을 샘속에 넣어 물을 따뜻하게 하여 목욕을 하였다고 기록되어 있다. 그러나 현재에는 남한에서 수온이 가장 높은 온천이다. 부곡온천은 과거에 약수터로 알려져왔으나 지명의 특수성에 착안하여 비교적 과학적 현지 조사를 통한 온천 개발에서 확인된 온천이기도 하다. 백악기 경상 누층군의 퇴적암층 내에서 용출되는 황산염천이다. 퇴적층 하부에 백악기 화강암체의 존재가 예상된다. 주요 성분의 이온농도(단위, mg/l)는 황산염 140.1, 탄산염 90.3, 염소 10.3, 규소 29.0, 나트륨 90.4, 칼슘 5.3이다. PH 9.2로 알칼리성

을 띤다. 황산염과 황화수소가 동시에 유출되는 특이한 온천이다.

(8) 마금산온천(馬金山溫泉)

위치 : 경상남도 의창군 북면 신촌리

천질 : 황산염천

온도 : 35~48℃ (pH 7.8~7.9)

주요성분 : SO_4^{2-}, HCO_3^-, K^+, Ca^{2+}, Na^+, Cl^-

효능 : 관절염, 류마티스, 요통, 근육통, 혈액순환장애 등

경상누층군의 퇴적암층을 관입한 백악기 화강암과 화산암류에서 용출되는 중성-약알칼리성 온천이다. 조선 초부터 약수온천으로 음용 또는 목욕으로 환자들의 치료에 효력이 뛰어나 전국에서 환자들이 운집하여 지방민의 민폐 때문에 주민들이 온천을 매몰한 적도 있다고 전해오고 있다. 온천 개발에 밀려 철거된 과거의 원탕의 온천장 모습이 아쉽다. 주요 화학성분의 이온농도(단위 mg/*l*)는 황산염 112.8, 탄산염 47.6, 나트륨 12.6, 알루미늄 2.7, 마그네슘 12.6, 철 0.4이다. 황산염의 농도가 높고 금속 이온이 산출되고 있음이 특이하다. 부곡온천과 마금산온천에 대한 최근 연구 내용을 다음에 요약 소개한다.

(9) 척산온천(尺山溫泉)

위치 : 강원도 속초시 노학동(척산리)

천질 : 단순온천

온도 : 38~53℃ (pH 8.8~9.1)

주요성분 : Si^{+}, Ca^{2+}, HCO_3^{-}, SO_4^{2-}, Cl^{-}, F^{-}

효능 : 신경통, 류마티스, 피부 질환, 근육통 등

한 쌍의 학이 부러진 다리를 온천수에 담가 완치된 후 북향으로 날아갔다 하여 그 들판을 학사평(鶴沙坪)이라 한다(온천지, 1983). 온천은 태백산맥의 동사면의 완록사면지형 하부에 발달하는 제4기 충적평야에서 용출되고 있다. PH 8.8~9.1로 알칼리성 온천으로 주요 성분의 이온농도(단위 mg/l)는 칼슘 3.6, 알루미늄 0.2, 규소 18.2, 염소 19.7, 황산염 8.0, 탄산염 94.0이다. 불소이온농도가 3.1~6으로 비교적 높은 특징을 나타내고 있다.

(10) 오색온천(五色溫泉)

위치 : 강원도 양양군 서면 오가 2리 산1-1

천질 : 단순온천

온도 : 36~25(pH 7.9~8.2)

주요성분 : Ca^{2+}, SO_4^{2-}, Na^{+}, Cl^{-}, HCO_3^{-}, F^{-}

효능 : 피부 질환, 신경통, 류마티스, 부인병, 근육통 등

오색온천은 남설악 한계령을 넘어 양양으로 향하는 산록에 위치하며 주변 남설악의 자연 경관이 철따라 아름답고 풍미롭다. 온천 원탕은 오색 약수터에서 국도를 따라 한계령 쪽으로 약 4km 정도 가다가 산 정상을 향하여 등산로를 따라 약 2km 정도 올라가면 찾을 수 있다. 현재의 온천 관광 단지는 이곳 원탕에서 약 6km 떨어진 위치의 한계령 동측 산기슭에 조성되어 있다. 백악기 화강암 저반 지

하 300m 깊이에서 용출되는 단순온천이다. 약알칼리성 온천으로 주요 성분은 화강암 지역에서 용출되고 있어 화강암 지역의 맑은 지하수의 화학 성분과 유사하다. 주요 화학성분의 이온농도(단위, mg/l)는 나트륨 127.6, 규소 14.5, 칼슘 9.2, 불소 5~12.6, 탄산염 83.0, 염소 2.6으로 되어 있다. 불소 함량이 2.6(mg/l)으로 불소온천이라 할 수 있다.

따라서 과거부터 피부 질환에 특별히 효험이 있는 것으로 알려져 있다.

(11) 수안보온천(水安堡溫泉)

위치 : 충청북도 중원군 상모면 온천리

천질 : 중탄산토류천

온도 : 51~53℃ (pH 8.3)

주요성분 : HCO_3^-, SO_4^{2-}, Si^+, K^+, Ca^{2+}, Na^+, Cl^-, H_2S

효능 : 피부 질환, 부인병, 위장병, 신경통, 류마티스 등

수안보온천의 지명의 유래는 조선 초에 안부온천(安富溫井[泉])이라 불리던 이곳에 18세기 초 보(洑)가 축조된 후 '보의 안쪽물탕거리'를 지칭하던 우리말 '물안보'가 수안보(水安保)라는 한자로 표기된 것이다(조일환, 1986). 온천의 발견 역사가 길고 일제 시대에는 일본인들이 근대식 대중탕을 건축하여 온천욕을 즐겨왔던 곳이다(그림 2-1 참고). 수안보온천은 한반도 중부 옥천지향사대 내의 천매암질암 지층에서 용출되고 있다. 약알칼리성 온천으로 주요 성분의 이온농도(단위, mg/l)는 칼륨 0.2, 칼슘 11.4, 나트륨 7.4, 불소

그림 2-1 1920~30년대의 수안보 대중온천탕 (조일환, 1986)

6.1, 염소 1.7, 탄산염 144, 황산염 36.6으로 황산염과 불소의 이온 농도가 비교적 높다.

『온천지(溫泉誌)』(1983)에 의하면 황화수소(0.8)도 소량 산출되는 특징이 있다. 이 같은 천질에서 피부 질환 등의 환자에 효험이 알려져 있다.

(12) 유성온천(儒城溫泉)

위치 : 충청남도 대전시 온천1동

천질 : 중탄산 토류천

온도 : 30~51℃ (pH 8.1~8.9)

주요성분 : Na^{+}, Al^{3+}, Ca^{2+}, Mg^{2+}, F^{-}, SO_4^{2-}, HCO_3^{-}

효능 : 신경통, 류마티스, 근육통, 당뇨병, 비만증 등

남한 중부의 유성에 위치한 유성온천은 『동국여지승람』에 답사

기록이 있어 조선 초기 이전부터 알려져온 역사가 오래된 온천의 하나이다. 중생대 화강암에서 용출되는 알칼리성 온천이다. 주요 성분의 이온농도(단위 mg/l)는 나트륨 107, 칼슘 15.5, 불소 4.6, 염소 18.3, 황산염 14.1, 탄산염 108.6이다. 화강암을 온천수의 용출 모암으로 하여 불소의 함량이 비교적 높다. 온천수는 단순온천으로 중탄산나트륨천이다.

(13) 도고온천(道高溫泉)

위치 : 충청남도 아산군 도고면 기곡리

천질 : 중탄산 토류천

온도 : 20~25℃ (pH 7.8~7.7)

주요성분 : Na^{+}, Ca^{2+}, Si^{+}, Mg^{2+}, Al^{3+}, F^{-}, Cl^{-}, SO_4^{2-}, HCO_3^{-}

효능 : 피부 질환, 신경통, 관절염, 당뇨병, 변비, 간 질환, 동맥경화 등

중생대 쥐라기 대보화강암체 내에서 용출되는 온천으로 신라 시대부터 약수로도 유명하게 알려져왔다. 온천의 수온은 다소 낮으나 황화수소가 용출되는 천질의 특성이 각종 질환 치유에 이용되어왔다. 중성~약알칼리성 온천으로 주요 화학성분의 이온농도(단위, mg/l)는 칼슘 26.3, 나트륨 86.4, 칼륨 0.1, 마그네슘 3.4, 불소 13.3, 염소 26.0, 황산염 20.9, 탄산염 147.6이다. 불소가 이상적으로 높은 농도를 나타내고 있다.

(14) 이천온천(利川溫泉)

위치 : 경기도 이천시 안흥동

천질 : 중탄산토류천

온도 : 25～29℃ (pH 7.4)

주요성분 : HCO_3^-, Ca^{2+}, Al^{3+}, SO_4^{2-}, Cl^-, Mg^{2+}

효능 : 피부 질환, 눈병, 신경통, 류마티스, 부인병, 근육통 등

서울에서 가장 가까운 경기도의 유일한 전통 온천이다. 1870년경 사시사철 솟아나는 더운 샘물을 기이하게 여긴 한 농부가 이 물로 세수한 후 앓고 있던 눈병이 치유되었다는 소문이 알려지자 전국 각지의 안질, 피부병 환자가 이곳 온천수의 효험을 얻게 되어 "약탕"이라 불려왔다는 전설이 있다(온천지, 1983).

온천은 중생대 쥐라기 흑운모 화강암 내에서 솟아 나오는 맑은 화강암 지역의 지하수의 화학 성분과 유사하며 탄산염이온 농도가 높은 중탄산나트륨천이다. 주요 성분의 이온농도(단위, mg/l)는 알루미늄 1.57, 칼슘 25.5, 마그네슘 1.2, 불소 1.2, 염소 2.2, 탄산염 133, 황산염 11.6이다.

(15) 능암탄산온천

충청북도 중원군 능암리에 있는 능암탄산온천은 비교적 최근에 개발된 온천으로 탄산 가스와 탄산 이온 농도가 높은 탄산온천이다. 19.5～32.8℃ 내외의 온도로 지하 200～600m 심도에서 용출되고 있다. 이 지역의 탄산 온천수는 화강암체 내에서 산출되고 있으며 pH는 5.7～6.3, 용존 이온 총 함량은 3.3㎎/l이며 탄산온천 용출 지

역의 지온구배는 3℃/100m 내외이다. 이 탄산온천 지역에는 알칼리 지하수(pH=9.19~9.5)가 함께 산출되고 있다. 탄산수는 NW와 NE 방향의 단층선의 교차 지역에서 용출되고 있다.

탄산온천수의 용존 이온 농도는 칼슘, 154.73~63mg/*l*, 규소, 69.1~96.9mg/*l*, 탄산염, 799~1985mg/*l*이다. 그 외 나트륨, 802~45mg/*l*, 칼륨, 2.2~11.3mg/*l*, 불소, 2.2~4.0, 황산염, 4.81~7.7mg/*l*이다.

탄산온천수의 산소, 수소 안정 동위원소비는 각각 −7.8~−10.5‰과 −54.9~−72.3‰로 순환수 기원을 나타내고 있다. 탄산 이온의 탄소동위원소비는 −6.6~+0.3‰이며 탄산 가스의 탄소 동위원소비는 −7.6~−4.5‰이다. 이들이 심부 기원에서 유래한 것으로 해석하고 있다(고용권 외, 1999). 탄산온천의 지화학 지온계로 얻어진 지하 심부 탄산수 저장소의 온도는 117~195℃이다. 탄산염 이온이나 탄산수에 용존하고 있는 탄산 가스의 탄소 기원은 보통 탄소 안정동위원소비에서 해석하고 있다. 일반적으로 기원 저장소에 따라 탄소 동위원소비가 다르다. 해수에서 침전된 무기 기원의 탄산염의 탄소는 탄소 동위원소비가 0‰ 전후가 많다. 그러나 이 역시 지질 시대에 따른 환경 변화로 이 값이 변동된다. 식물이나 유기물 기원의 탄소는 −20~−30‰로 가벼운 탄소가 부화되어 있다. 대기 중의 탄산 가스는 −6‰ 정도이다. 보통 심부기원으로 대표되는 카보나타이트는 −6~−8‰ 정도이다. 그러나 고온의 열수계에서 침전된 탄산염 광물의 경우 탄소동위원소비는 여러 요인에 의하여 그 값이 크게 변동하므로 동위원소비 값 수치로만 기원 해석은 신뢰도가 낮다. 때문에 이런 경우에는 헬륨, 아르곤과 같은 영족기체 동위원소비 분석이 유용한 방법이 되고 있다. 탄산 온천과 직접적인 관련은 알 수 없지만 이 지역에 분포하고 있는 과거에 중석광산으로 유명하였던 대화광산의 텅스텐 광물인 회중석 내의 유체포유물 중의 헬륨-아르곤 동위원소비 분석에서 $^{3}He/^{4}He = 1 \sim 2 \times 10^{-6} cm^{3}STP/g$, $^{3}He/^{36}Ar > 0.01$, $^{40}Ar/^{36}Ar > 1000$인 심부 기원인 마그마 성분이 보고되었다(스투어트 외, 1995). 최근 도쿄대학과 한일 공동 연구로 국내 온천수의 영족기체 동위원소 비의 특성이 밝혀지고 있다.

중원 지역 탄산온천의 온천수 내 높은 탄산 가스와 탄산 이온 농도 때문에 장기간에 걸쳐 침전된 탄산염 광물의 침전이 관찰되고 있다. 온천탕 내부에서 매년 수mm 정도의 침전물이 만들어지고 있다. 탄산온천에서 방해석이 침전되는 과정이 이산화탄소 가스가 방출하면서 수오이온농도가 증가하여 방해석과 철-망간 산화물이 과포화 상태가 되어 침전된 것으로 해석하고 있다(김건영 외, 2000). 그리고 지하 심부로 순환하면서 활발한 물-암석 반응의 결과로 규소이온이나 알루미늄 등의 기타 양이온들이 상대적으로 높았던 탄산수가 수소이온 농도가 높아지면서 일라이트, 실리카 등도 침전하였다. 흥미있는 내용은 온천수의 채수량에 따라 지하 수면의 변동으로 인하여 천층 지하수의 유입이 일어나 탄산염 침전물이 철산화물의 침전이 일어나 검붉은 층이 호층을 이루고 있음을 지적하고 있다. 이는 온천수의 과잉 채수의 결과로 생겨난 것으로 탄산 온천수와 천층 알칼리 지하수의 혼입 때문일 것으로 보고 있다. 한반도에서 여러 지역에서 저온의 탄산수의 용출은 많지만 온도가 높은 탄산천은 대단히 드물다.

■ 한반도 동해안 지역에 분포하고 있는 온천의 특성

남한에서 동해안에 분포하고 있는 온천의 조사 연구를 대전대학교 정찬호 교수, 일본 도쿄대학의 나가오 케이스케(長尾敬介) 교수와 필자가 공동으로 2005년부터 실시하였다. 지금까지 국내 온천수에 대한 연구로는 주로 지구화학적 특성 규명, 동위원소를 이용한 환경 해석, 물-암석 반응에 의한 온천수의 진화 과정, 열원의 온도 추정 등이 있다. 이번 연구에서 우리나라 동해안 일대에 분포하고 있는 주요 온천 유형별 온천수와 온천 가스의 지구화학적, 동위원소 및 영족기체 동위원소 특성을 비교 분석하였다. 영족기체 동위원소 분석 연구는 한일 공동 연구로 위의 3인이 온천 가스와 온천 지역 지하수의 헬륨, 아르곤 등 영족기체의 동위원소비 분석연구를 실시하였다. 다음의 내용은 책임연구자인 정찬호 외(2006)에 의하여 대한자원환경지질학회에 발표된 내용을 정리한 것이다. 조사 대상 온천으로는 강원도의 오색온천과 척산온천, 경상북도의 덕구온천과 백암온천 그리고 부산 지역의 동래온천과 해운대온천을 선정하였다(그림 2-2 참고). 오색 및 척산온천 일대의 지질은 선캄브리아기의 호상편마암, 쥐라기 흑운모화강암이 대부분을 차지하고 있다. 덕구온천의 지질은 홍제사화강암류로 주로 구성되어 있다. 백암온천은 경상계 퇴적암과 이를 관입한 화강암으로 이루어져 있다. 해운대 온천 지역은 백악기 유천층군에 속하는 안산암질암이 가장 하부에 위치하고 있으며, 동래온천은 백악기 화강암류 지역에서 산출되고 있다.

동해안 지역 온천수의 온도는 25.7~68.3℃의 범위로 동래온천이 68.3℃로 가장 높은 수온을 보였다. 온천수의 pH는 5.7~9.1로 오색탄산온천이 약산성이고 다른 온천은 모두 알칼리성의 특성을

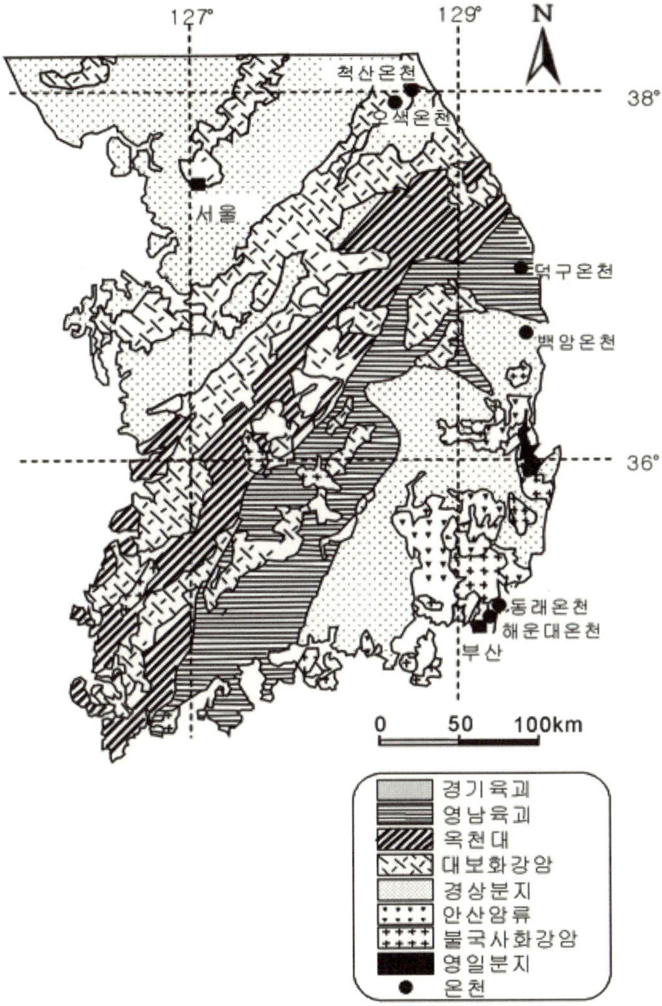

그림 2-2 동해안 지역의 온천 분포와 지질도

보인다. 온천수의 산화-환원전위(Eh)는 −24~128mV의 범위이다. 온천수의 전기전도도는 202~7,130μS/cm 범위로 해운대온천수와 동래온천수의 전기전도도는 각각 2,570~7,130μS/cm, 987~1,683μS/cm 범위로 높은 값을 나타내고 있다. 이는 해운대와 동래온천이 해안과 인접하거나 과거에 해안 부근으로 해수의 혼합으로 인하여 높은 전기전도도를 나타내는 것으로 해석하고 있다.

온천수의 주요 양이온인 나트륨(Na)의 함량은 31.5~921mg/L의 범위로 오색탄산온천수에서 276 mg/L로 높은 함량을 보이며, 해운대 온천수는 817~921mg/L로 상당히 높은 농도를 보인다. 칼슘(Ca) 함량은 1.1~556mg/L 범위를 보인다. 온천수의 주요 음이온인 탄산염(HCO_3) 함량은 32.1~793mg/L 범위로 오색탄산온천수에서 탄산염의 함량이 가장 높다. 염소와 황산염 함량은 온천수에서 각각 2.6~2,409mg/L과 6.8~143mg/L의 범위이다. 해운대와 동래온천수의 염소와 황산염이온의 평균 함량은 각각 90.0mg/L, 1181.4mg/L 로 해수의 혼입으로 인해 높은 함량을 보이고 있다.

온천수의 수질 유형을 보면 나트륨-탄산(Na-HCO_3) 유형인 오색, 척산, 백암, 덕구온천과 나트륨-염소(Na-Cl)형인 해운대와 동래온천으로 구분된다(그림 2-3 참고). 특히 해운대온천과 동래온천과 같은 부산 지역 지열수는 나트륨-염소형으로 국내의 기타 지역의 온천수에 비하여 전기전도도(921-6520μS/cm)와 총용존고체 함량(608-3390mg/L)도 높은 편이다. 동래온천과 해운대온천의 용존 이온의 특징은 그림 2-4와 같다. 그리고 이 지역 지열수는 심부로 순환하는 해수가 주변 모암과 상호 반응에 의해 해수에 비해 상대적으로 증가된 칼슘과 스트론튬의 함량과 상대적으로 결핍된 마그네슘, 나트륨,

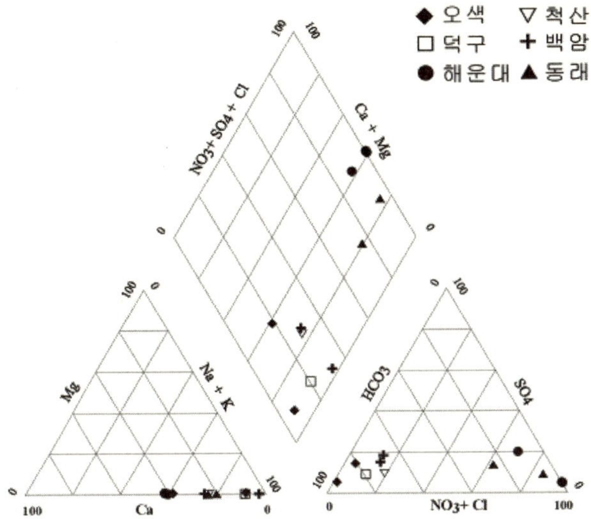

그림 2-3 동해안 지역의 온천수의 화학적 특성. OS: 오색온천, CS: 척산온천, DU: 덕구온천, BA: BA, 백암온천, HD: 해운대온천, DR: 동래온천

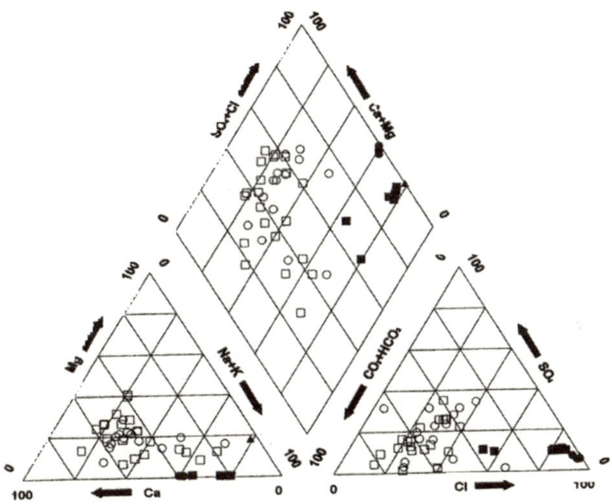

그림 2-4 동래온천과 해운대온천 지역의 온천수와 지하수 중의 용존 이온 성분의 특성 (성규열 외, 2001)

칼륨의 함량을 가지는 온천수를 만들었다. 높은 염도의 지열수가 지하에서 상승하면서 상부의 저온의 지하수와 혼합이 일어난 것으로 해석하고 있다(그림 2-4 참고).

온천수의 $\delta^{18}O$값과 δD값은 각각 −11.7~−7.8‰, −86.4~−57.3‰의 범위이다. 대부분 온천수의 산소 및 수소 동위원소 조성은 순환수선 상에 도시되므로 온천수의 기원이 순환수의 기원임을 지시하고 있다. 또한 위도가 높아질수록 낮은 동위원소 조성 값을 보이는 위도 효과가 현저하게 나타나고 있다.

영족기체, 특히 헬륨 동위원소비($^{3}He/^{4}He$)가 대기와 지각 중의 값과 큰 차이가 있으므로 헬륨 동위원소비를 측정함에 따라 맨틀로부터 지구 표층부로 나오는 휘발성 원소의 이동 과정을 추적할 수 있다. 대기, 지각, 맨틀 등 다양한 지구조 환경에서 상이한 헬륨, 아르곤 동위원소비를 보여준다. 연구 지역 온천 가스에 대한 헬륨동위원소비($^{3}He/^{4}He$)는 0.146×10^{-6}부터 $3.310\times10^{-6}cm^{3}STP/g$까지 넓은 범위를 보여준다(그림 2-5 참고). 대부분의 온천 가스의 헬륨동위원소비는 대기 기원인 $1.4\times10^{-6}cm^{3}STP/g$값보다 낮은 값을 보인다. 이는 지각암석 기원의 방사성 기원의 헬륨이 온천수로의 유입이 있음을 지시한다. 오색탄산온천에서는 헬륨동위원소비가 대기 기원의 헬륨동위원소비의 2.4배 이상 높은 값인 $3.3\times10^{-6}cm^{3}STP/g$이다. 이와 같이 맨틀 기원의 헬륨 공급이 큰 특성은 일반적으로 화산 활동이 활발한 지역에서 관찰되는 것이다. 그러나 이 지역은 마그마 활동에 대한 어떠한 증거도 없는 지역으로 단층 등 심부와 연결된 지질구조선을 따라 지하 심부의 맨틀 기원의 가스가 지표상으로 공급되는 것으로 보인다. 탄산 가스 농도가 높은 오색탄산온천에서 검출된

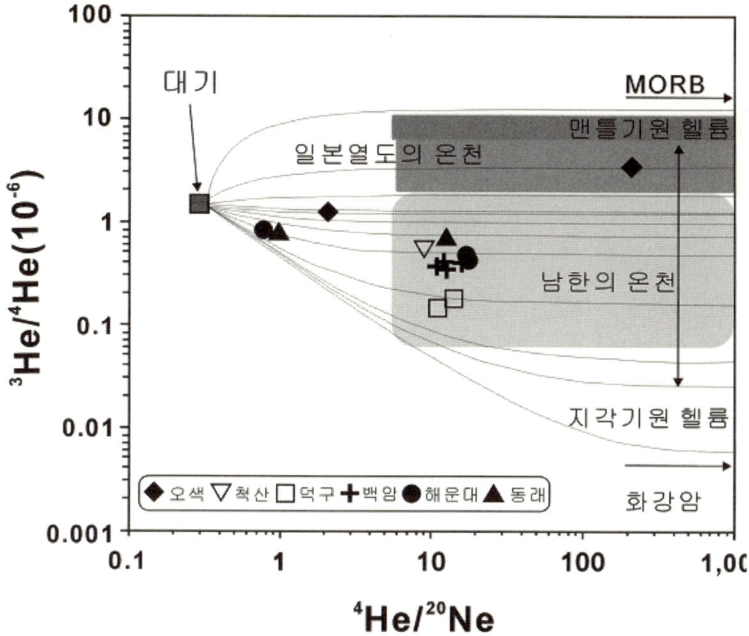

그림 2-5 동해안 지역의 온천수 내의 헬륨-네온 영족기체 동위원소비 (정찬호 외, 2006)

고농도의 맨틀 기원 헬륨은 지금까지 탄소 동위원소에 의해서만 제시된 탄산수 내 이산화탄소의 기원이 맨틀과 같은 심부에서 기원하였음을 뒷받침할 수 있는 중요한 자료이다. 비록 대부분의 시료에서 헬륨동위원소비가 대기 기원보다 낮은 값을 보이지만 이들은 대기-지각 혼합선보다 상위에 분포하고 있다. 이는 온천수 내 맨틀 기원의 헬륨 가스가 부분적으로 존재하고 있음을 의미한다.

그림 2-5에서와 같이 영족기체 동위원소 분포를 볼 때, 연구 지역 온천의 열원은 암석 내 방사성 동위원소 붕괴에 의한 가능성을 보이며, 맨틀 기원의 헬륨 가스 특성은 단층 등 심부 환경과 연결된 지질 구조의 영향인 것으로 해석된다. 연구 지역의 온천수의 아르곤 동위

원소비($^{40}Ar/^{36}Ar$)는 295.5×10^{-6}에서 309.5×10^{-6}까지로 대기 기원의 값과 매우 유사하다. 한반도는 지질학, 지구조적으로 일본 열도와는 달리 판의 섭입대에서 멀고 젊은 지질시대의 화산 활동이나 격렬한 지구조 운동이 일어나는 지역이 아니라 심부 맨틀과 같은 심부 기원의 정보를 얻기 위한 대상 시료가 흔하지 않다. 즉 지구 심부에서 유래하였으면서도 지각이나 대기의 헬륨이나 아르곤의 혼입을 받지 않은 시료라야 하기 때문이다.

한반도의 암석은 대부분 지질 연대가 오래되어 지각 기원의 방사성 기원 헬륨이나 대기 기원의 아르곤 또는 칼륨의 방사성 붕괴로 생성된 아르곤 등 때문으로 맨틀 정보를 얻기가 어렵다. 최근 한반도의 알칼리 현무암과 함께 산출된 초염기성 맨틀 포획암의 헬륨-아르곤 영족기체 동위원소 분석 연구로 한반도 하부의 맨틀 정보가 얻어지게 되었다. 이와 같이 킴버라이트나 맨틀 포획암, 화산그래스 등 뿐만 아니라 화산 가스나 온천수 내에서도 맨틀과 같은 심부 기원에서 유래하는 헬륨 아르곤이 세계적으로 많이 보고되고 있다.

■ 부곡-마금산 온천수의 화학적 특성

부곡온천은 남한에서 천온이 가장 높은 온천으로 마금산온천과 함께 성인이 흥미 있는 온천이다. 다음은 정찬호 외(2006)의 연구 내용으로 저자도 공동 연구원으로 함께 조사 연구한 결과로 2006년 대한 자원환경지질학회에 발표된 내용의 일부이다. 경남 부곡온천과 마금산온천을 대상으로 온천수의 온도와 화학 성분 분석, 동위원소(산소, 수소, 황) 및 헬륨-네온가스 분석을 실시하여 온천수의 생성 및 진화 환경 그리고 열원에 대해 해석하였다.

부곡온천 지역의 지질은 경상계 하양층군 진동층이 분포하고 있다. 온천 지역 동측부에는 유천층군의 주산 안산암이 부정합으로 피복되어 있다. 마금산온천 지역은 주산안산암질과 화강섬록암이 대부분을 차지한다. 섬록암과 화강섬록암은 진동층 내에 암주상으로 발달하여 있다. 기존 지질도와 문헌에는 이 지역 퇴적 환경은 전반적으로는 건조한 기후가 지배적이었으며, 일부에서는 증발암광물이 형성될 정도로 건조한 기후가 발달한 것으로 알려져 있다.

부곡온천수는 21.2~78.7℃ 용출 온도를 보이고, 온천 지역 중심부에서 외곽으로 향할수록 온도가 낮아지는 온도 분포 특성을 보인다. 부곡온천수는 국내 온천 중 가장 높은 용출 온도를 보이는 온천으로 알려져 있다. 마금산온천수는 30.8~49.8℃ 범위의 용출 온도를 보이고, 40℃ 이상의 고온형 온천과 40℃ 이하의 중온형 온천이 용출된다.

부곡온천수의 pH는 7.7~8.7 범위를 마금산온천수는 7.4~7.8 범위로 약알칼리성의 특성을 보인다. 산화환원전위 측정 결과 온천수는 모두 환원성 환경에 있음을 보여주고 있다. 전기전도도 부곡온천수는 368~568μs/cm 범위를 보이고, 마금산온천수의 경우 551~1,489μs/cm이다.

온천수 주요 이온에 의한 화학적 유형은 부곡온천수는 나트륨-탄산염(황산염)(Na-HCO_3(SO_4))형을 보이며, 마금산온천수는 나트륨-염소(Na-Cl)형으로 구분된다. 부곡 지역 지표수와 지하수는 칼슘-탄산염(Ca-HCO_3)형을 보여 온천수는 칼슘-탄산염형에서 나트륨-탄산염(황산염)형으로의 지화학적으로 진화 과정이 진행되었다. 부곡온천수 내 황산염이온의 농도는 16~110mg/L이다. 마금산온천수의 염소 함량은 고온형에서는 131.8~240mg/L의 높은 값을 보이지만 중온형 온천의 경우에는 24~35.5mg/L의 낮은 함량을 보이고 있다. 내륙 지역 온천에서 염소의 기원은 과거 퇴적 환경과 밀접한 관계가 있는 것으로 추정하고 있다. 이 지역 전반적으로는 건조한 기후가 지배적이었으며, 그로 인해 일부 환경에서는 증발암 광물이 형성되었음이 보고된 바 있다. 비록 마금산 지역의 지표 지질은 안산암과 화강암이 주를 이루나 하부에 이들에 의해 관입당한 퇴적암이 국부적으로 존재할 가능성이 있다. 이들 퇴적암이 소규모 증발암을 함유하고 있어 온천수의 수질에 영향을 미친 것으로 해석하고 있다.

부곡-마금산 온천수의 황 동위원소 조성($\delta^{34}S$)은 -3.0~15‰로 온천수 내 황산염의 황의 기원은 황철석 등의 화성 기원과 퇴적암 기원으로 구분된다. 온천수 내 황산염의 기원이 중저온형 온천수에서는 황철석 등 화성 기원의 황이 우세하고, 심부 고온의 환원성 온천수에서는 퇴적 기원의 황이 우세하다.

부곡온천수의 온천 가스의 헬륨과 네온동위원소비($^{4}He/^{20}Ne$)는 지구 내부로부터 헬륨 농도에 대한 대기 기원 헬륨의 혼합의 정도를 지시하는 지시자로 간주된다. 헬륨 동위원소 중 헬륨(^{4}He)은 대부분 온천수 내 헬륨의 기원이 지각암석과 맨틀 기원이 혼합되었음을 보여주고 있다. 그리고 온천수 대부분이 거의 동일한 대기-암석-맨틀 혼합선상에 도시되어 온천수의 열원이 동일하다는 간접적인 증거가 될 수 있다. 헬륨동위원소비를 볼 때 부곡-마금산온천의 열원은 암석 내 함유된 우라늄 등 방사성원소의 붕괴에 의한 열원의 가능성이 높다. 맨틀(마그마) 기원의 헬륨 가스의 혼합은 온천의 열원이 마그마와 같은 화성 활동과 관련되었다기보다는 온천 지역 내 발달한 단층과 단열대와 같은 지질 구조의 영향으로 심부의 헬륨 가스가 지표부로 상승한 것으로 추정하고 있다. 영족기체의 동위원소 특성을 보면 부곡온천 지역에서 지표에는 노출되어 있지 않지만 지하에 백악기 화강암체가 존재하고 있어 온천의 열원이 되고 있는 것으로 해석할 수 있다.

온천수의 형성 과정과 진화는 부곡-마금산 지역 온천수는 칼슘-탄산염(Ca-HCO_3) 유형의 지표수와 지하수가 나트륨-탄산염(황산염)(Na-HCO_3(SO_4))형의 부곡온천수로 그리고 나트륨-염소(Na-Cl) 유형의 마금산온천수로 진화되었음을 보여주고 있다. 부곡온천수의 황 동위원소 분석결과는 중저온형 온천수의 황산염 기원이 황철석 등 화성 기원을 보이는 반면 심부 고온의 환원성 환경에서는 황산염의 농도 증가와 함께 퇴적 기원의 황동위원소 특성을 보여주고 있다. 마금산 온천수의 염분은 건조한 퇴적 환경에서 국부적으로 생성된 증발암의 영향으로 보인다. 온천수 내 헬륨동위원소비는 지각 기원과 맨틀 기원의 헬륨이 혼합되어 있음을 보이고, 모두가 동일한 대기-암석-맨틀 혼합선상에 도시되고 있다. 헬륨과 네온동위원소비($^{4}He/^{20}Ne$)가 온도와 밀접한 관계를 보여 천부 지하수와 온천수와의 혼합 관계를 정량적으로 지시해주는 좋은 지시자 역할을 하고 있다. 온천의 열원은 암석 내 함유된 방사성 동위원소의 붕괴에 의한 열이 주로 기여한 것으로 해석하고 있다.

■ 호남 지역 온천수의 특성

호남 지역에는 고문서에서도 온천이 분포하지 않는 것으로 소개되어 있다. 그러나 그 후 온천 개발에 의하여 몇 곳의 온천이 알려지게 되었다. 대표적으로 변산온천, 죽림온천, 지리산온천, 화순온천, 도곡온천 등이다.

국내의 전통적인 온천에 대하여는 미량 원소를 포함한 화학 성분의 규명과 동위원소비 분석을 통한 온천수의 기원 해석, 물-암석 상호 반응 및 진화 관계 등의 연구가 진행되어왔다. 그러나 호남 지역에 분포하는 온천수에 대한 지화학적 연구는 거의 진행된 바 없는 실정이다. 다음의 내용은 정찬호 외(2006)의 연구 결과로 저자도 공동연구자로 참여하여 연구한 내용이다. 호남 지역에 분포하는 변산온천, 죽림온천, 지리산온천, 화순온천, 도곡온천 등 5개 온천을 대상으로 하여 수질화학적 특성과 산소, 수소 및 황 동위원소 분석을 통하여 온천수의 기원 및 황의 기원을 해석하였다.

호남 지역에서 온천이 분포하는 지역의 지질은 선캄브리아기의 편마암류, 쥐라기 화강암 그리고 백악기 퇴적암류와 화산암류로 주로 구성되어 있다. 연구 대상 온천의 분포와 지질 특성은 그림 2-6과 같다.

호남 지역 온천공의 심도는 400~650m 범위로 심부 암반 온천수이다. 온천수의 용출 온도는 23.0~30.5℃의 범위로 온도가 낮은 편이다. 우리나라 기타 온천들에 비해 저온형 온천이다. pH는 7.67~9.98 범위의 약알칼리성~알칼리성의 특성을 보이고 있다. 전기전도도는 153~746μS/cm의 다소 넓은 범위를 나타내고 있다. 변산온천은 746μS/cm으로 비교적 높은 전기전도도 값을 나타내고 있다. 이는 해안가에 분포하고 있는 온천으로 해수의 영향으로 다량의 용존 이온을 함유하고 있기 때문인 것으로 보인다. 온천수의 Eh는 −67.0~189mV의 넓은 범위로 지리산온천, 화순온천, 변산온천 온

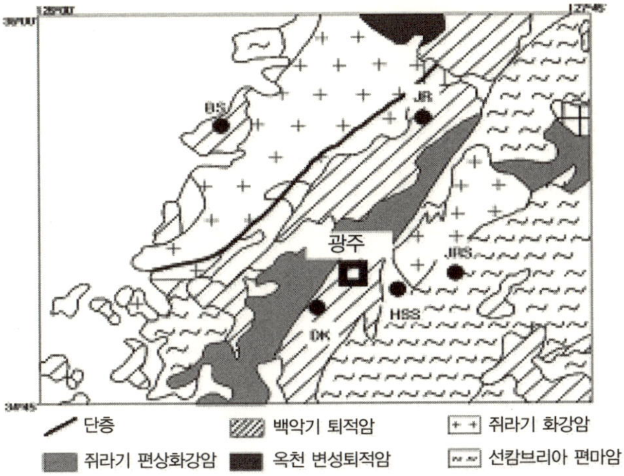

그림 2-6 호남지역 온천 부근의 지질 (BS: 변산온천, JR: 죽림온천, JRS: 지리산온천, HSS: 화순온천, DK: 도곡온천)

천수는 환원성 환경에 있는 것으로 보인다. 용존산소는 0.04~4.80mg/L로 비교적 낮다. 온천수의 주요 양이온인 나트륨이온과 칼슘이온의 농도는 각각 11.9~118mg/L과 1.56~47.6mg/L 범위이다. 주요 음이온인 중탄산은 102~175mg/L의 농도 범위를 보이고, 온천수 내 황산염과 염소이온의 농도는 각각 0.5~24.14mg/L과 0.80~191mg/L의 범위이다. 도곡온천과 변산온천의 온천수는 다른 시료에 비해 높은 황산염 농도를 나타내고 있다.

온천수의 화학 성분은 3가지 유형으로 구분되고 있다. 나트륨-탄산염(Na-HCO_3)형, 칼슘-탄산염(Ca-HCO_3)형, 나트륨-염소(NaCl)형으로 분류된다.

온천수의 수소동위원소비(δD)와 산소동위원소비(δ^{18}O)의 값은 −55.7~−65.0‰과 −8.3~−9.3‰의 범위이다. 호남 지역 온천수의 수소와 산소동위원소비의 상관도에서 순환수선보다 약간 낮은 영역을 나타내지만 전체적으로 순환수선을 따라서 도시되므로 온천수 모두가 순환수 기원임을 알 수 있다.

우리나라 온천수에 용존하고 있는 황의 기원은 높은 황 동위원소값(＞20‰)을 보이는 해수 기원, 낮은 황 동위원소값(＜10‰)을 보이는 화성 기원의 황철석 기원, 그리고 중간 값의 해수혼합형 혹은 퇴적암 기원(10‰＜δ^{34}S＜20‰) 등 세 가지 유형으로 나눌 수 있다. 호남 지역 온천수의 황 동위원소비를 보면 세 가지 유형으로 구분된다. 변산온천과 죽림온천의 황 동위원소 값은 각각 25.9‰과 22.4‰로 각각 비교적 높은 값을 보이고, 도곡온천과 화순온천은 12.7~8.5‰로 중간값을 보인다. 도곡온천과 지리산온천 지역에서 온천공에 따라 0.8‰~0.5‰로 낮은 황동위원소 값을 나타내고 있는 곳도 있다. 변산온천수 중의 용존 황산염 이온의 황의 기원은 서해의 해수기원의 황산염의 유입으로 해석된다.

일반적으로 대기, 지구 표층, 지구 내부에 존재하는 휘발성 원소의 물질 순환 과정 연구에서 영족기체는 유력한 추적자 역할을 할 수 있다. 특히, 헬륨 동위원비(^{3}He/^{4}He)가 대기와 지각 중의 값과 큰 차이가 있고, 이 동위원소비를 측정하여 맨틀로부터 지구 표층으로의 휘발성 원소의 이동 과정을 추적할 수 있다.

헬륨 가스의 기원지로 대기, 지각, 맨틀 세 곳의 단성분의 동위원소 조성을 가정한 모델 계산 결과 호남 지역 온천수 내 영족기체의 동위원소 값의 특징은 다음과 같다. 헬륨-네온동위원소비는 지구 내부로부터 헬륨 농도에 대한 대기 기원 헬륨의 혼합의 정도를 지시하는 지시자로 간주된다. 헬륨 동위원소 중 헬륨동위원소(^{4}He)는 대부분 온천수 내 헬륨의 기원이 지각 암석임을 보여주고 있다. 온천 가스에 대한 헬륨동위원소비($^3He/^4He$)는 $0.026\times10^{-6}\sim0.407\times10^{-6}cm^3STP/g$의 범위이다. 대부분의 온천수 내 가스의 헬륨동위원소비는 대기 기원인 $1.4\times10^{-6}cm^3STP/g$ 값보다 낮은 값을 보이고 있다. 이는 지각 암석 기원의 헬륨(^4He)이 온천수로의 유입이 우세했음을 지시하고 있다. 지리산온천과 도곡온천은 온천공 시료에 따라서 서로 다른 헬륨-네온동위원소비를 나타내고 있다. 이는 온천수와 천부 지하수의 혼합비의 차이에 의한 것으로 해석하고 있다. 죽림온천은 두 개의 혼합선(대기-맨틀, 지각-대기) 사이에 도시되어 헬륨, 네온 동위원소가 3개의 단성분 사이에 혼합 기원임을 말해주고 있다.

온천수 내 아르곤동위원소비($^{40}Ar/^{36}Ar$)는 $292.3\times10^{-6}\sim300.3\times10^{-6}$의 범위로 대기 기원의 값과 매우 유사하다.

2-2 북한의 온천

북한에는 45여 곳의 온천이 알려져 있으며 주로 함경북도 청진, 길주 지역과 황해도 지역에 밀집 분포하고 있다. 온천 지명이 과거 자료와 현재 자료 사이에 다르게 사용되고 있는 지역이 있다. 온천의 분포는 그림 1-1과 같다. 온천은 주로 중생대 화강암체 주위에 분포하고 있으며 길주-명천지구대 주위와 황해도 백천-해천에서도 화강암체와 단층 구조선의 발달 지역과 밀접히 관련되어 분포하고 있다.

남북 분단 이후 북한의 온천 연구 자료와 온천 정보가 얻어지기 어렵기 때문에 과거의 자료와 오래된 북한 자료(북조선 광천, 김학전, 1957)에서 정리되었음을 밝혀둔다. 북한에서는 20℃ 이상이면 온천이라 부르고 있으며 모두 45곳의 온천이 알려져 있다. 온천은 주로 함경북도와 황해남도에 집중 분포하고 있다. 온천의 각 도별 분포를 보면 함경북도(14곳), 황해남도(12곳), 평안남도(6곳), 평안북도(4곳), 강원도(3곳), 양강도와 자강도에 각각 2곳 그리고 함경남도와 황해북도에 각각 1곳씩 분포하고 있다(그림 1-1, 표 2-1). 온천이 소재하고 있는 지명이 온천과 관련된 지명으로 온정리, 온천리, 온양리, 신온리, 온수평리 등의 지명에 온천이 분포하고 있어 온천 분포가 지명과 밀접한 관련이 있다. 남한에서와 유사하게 북한의 온천의 발견 역사는 대단히 오래다. 고구려 서천왕 17년(서기 286년) 압록강 북쪽 부근에 있는 온천에서 병을 고쳤다는 기록이 있으며 고려 문종 35년(서기 1081년)과 충렬왕 11년(서기 1285년)에 평주(현재의 평산) 온천을 이용한 기록이 남아 있다. 정몽주도 성천온천에서 병을 치료하고 큰 효험을 보았다는 기록이 있다.

북한에서도 남한에서와 같이 고대로부터 온천이 주로 질병 치료에 이용되어왔다. 해방 후 북한에서는 온천을 과학적인 임상 치료에 적용하기 시작하였으며 함경북도 주을온천에 최초로 온천 치료를 목적으로 임상 기관을 설치 운영하였다.

북한 지역의 온천수의 수온은 20~106℃이며 주로 40~70℃ 온도의 온천이 많다. 수온이 가장 높은 온천은 황해남도 웅진온천으로 온도가 106℃나 된다. 그리고 함경북도의 길주 온수평 온천도 68.5℃이고 평안남도 석탕온천이 72~76.5℃, 황해남도 안악온천이 67℃ 등으로 수온이 비교적 높은 편이다. 남한의 온천들보다 천온이 높은 온천이 많다.

표 2-1 북한 지역의 온천과 탄산천의 분포 지역의 수 (김학전, 1957)

행정 구역	온천	탄산 약수
함경북도	14	0
함경남도	1	0
량강도	2	0
강원도	3	5
평안북도	4	13
자강도	2	15
평안남도	6	2
황해북도	1	1
황해남도	12	1
계	45	37

온천수의 화학 성분은 온천 지역의 지질에 크게 영향을 받고 있다. 특히 해안 부근에 분포하고 있는 함경남도 인흥온천, 평안남도 용강온천, 황해남도 웅진온천과 연안온천은 해수의 혼입이 현저하여 나트륨, 염소, 황산염이온의 농도가 해수의 값에 가까울 정도로 높다. 많은 온천에서 황화수소가 산출되고 있으며 함경북도 주을온천, 온포온천, 강원도 외금강온천, 황해남도 신천온천과 달천온천에서는 라돈이 포함된 라돈천의 특성을 나타내고 있다.

지질학적으로 온천은 중생대 화강암과 밀접한 관련이 있으며 함경북도의 온천은 신생대의 화산 활동과 밀접한 관련이 있다.

북한 지역의 지열류량은 46×10^{-3}w/m^2~134×10^{-3}w/m^2(평균, 701×0^{-3}w/m^2)이다. 지열류량이 높은 지역은 길주-명천 분지와 같은 제3기 퇴적 분지이며 106×10^{-3}w/m^{2}로 대단히 높다. 그리고 림명동-관모봉-구월산과 같은 화강암 저반 지역이 지열류량이 높다.

온천의 분포가 지열류량이 높은 이들 지역과 밀접하게 관련되어 있다. 황해도 지역에 고온의 다수의 온천이 용출되고 있다. 이 지역은 쥐라기 화강암체와 밀접하게 관련되어 분포하고 있다. 그리고 평강, 신천, 삼천, 이목온천 등은 북북서-남남동 방향의 단층 구조선과 대천리, 평산, 배천, 연안온천 등은 북북동-남남서 방향의 단층선상에 분포하고 있다. 최근(2005년) 이 단층 구조선의 남측 연장선 지역에 해당하는 남한의 강화군 석모도 지역에서 60℃ 이상의 온천이 발견되어 개발 중에 있다. 온천수는 해수 혼입형 온천으로 금후 개발이 주목되고 있다. 함경북도의 경우 길주-명천 지구대의 제4기 화산암 지역에서 온천이 집중 용출되고 있다. 이 지역은 러시아의 시코테아린에서부터 연속되는 북북동-남남서 방향의 지질 구조선의 연장상에 있다. 온천은 이 구조선상을 따라 분출한 제4기 현무암 화산암체와 밀접히 관련되어 있다. 북한의 온천은 다음 3가지 유형으로 구분된다. (1) 화산 활동과 관련이 있는 화산성 온천. 백두산 천지온천이 여기에 속한다. (2) 열극이나 파쇄대를 따라 지하수가 상승하면서 뜨거워진 열극형 온천(fissure type hot spring). 대부분의 온천이 이 유형에 속하며 화강암체에 수반되고 있는 온천이다. (3) 제3기 암석의 공극에 포획된 온천수. 길주-명천 지역의 온천이 이 유형에 속한다. 길주-명천 지역과 같이 지구대(graben) 지역은 침강-퇴적 작용이 일어나고 있는 지역으로 많은 양의 열수를 포함하고 있다(박칠송 외, 1996).

주을온천(朱乙溫川)

위치 : 함경북도 경성군 주을온면 중향동

천질 : 단순온천

온도 : 50～60℃

성분 : Na^{+}, K^{+}, Ca^{2+}, Al^{3+}, Cl^{-}, SO_4^{2-}, HCO_3^{-}

경성온천으로도 부르고 있으며 함경북도 경성군 주을리에 위치하며 해발 20m의 지형적으로 낮은 동해안 해변에 발달한 범람 평야 위에 위치하고 있다. 주요 온천은 상 주을온천과 하 주을온천 지역으로 구분되며 지형적으로 낮은 동해안 해변에 발달한 범람평원상에서 용출된다. 온천 부근에는 6km 길이의 넓은 백사장을 가진 대진 해수욕장이 위치하고 있다. 온천수는 두 곳의 용출 장소에서 용출되고 있으며 서북쪽 용출 지역은 모래층에서 용출되고 있는 모래온천으로 유명하다. 한반도에서 아주 드물게 모래 속에서도 온천욕을 즐길 수 있는 모래 온천장이다. 온천 지역에는 흑운모 화강편마암, 흑운모편암, 흑운모 화강암 등이 분포하고 있다. 주을온천은 북한에서 대표적인 온천으로 약알칼리성 온천이다. 라돈 가스량은 낮다. 특히 하 주을온천은 흑운모 화강편마암을 덮고 있는 충적층인 사력층에서 용출되는 모래뻘 노천 온천이다.

온천수의 화학 성분(단위, mg/*l*)은 칼륨+나트륨(K^{+}+Na^{+}) 70.8, 칼슘(Ca^{2+}) 4, 마그네슘(Mg^{2+}) 2.0, 탄산염(HCO_3^{-}) 82.4, 염소(Cl^{-}) 13.0, 황산염(SO_4^{2-}) 57.6～67.2 이다(부록 2 참고).

주을온천은 옛날부터 피부병, 신경통, 위장병 치료로 이용되어왔다. 이 온천에는 온천 치료 목적으로 러시아의 온천 치료 요법을 도입한 치료 부서가 설치된 병원이 북한에서 처음으로 건축되어 광천욕실, 모래욕실, 체육실, 물리 치료실 등이 운영되어오고 있다.

보상온천(甫上溫泉)

위치 : 함경북도 경성군 보상리

천질 : 중탄산토류천

온도 : 46℃

주요 성분 : Na^{+}, K, HCO_3^{-}, Ca^{2+}, Al^{3+}, SO_4^{2-}, Cl^{-}, Mg^{2+}

효능 : 피부 질환, 신경통, 위장병, 부인병, 관절염 등

함경북도 경성군 보상리의 해발 340m의 협곡 중에 위치하고 있으며 온천 주변이 기암절벽으로 둘러싸여 있어 온천장의 주변 경치가 대단히 아름답다. 이 온천에서 멀지 않은 곳에 주을온천, 온포온천, 성정온천이 분포하고 있어 소위 온천 지대이다. 보상온천은 『동국여지승람』에도 온천의 소재가 기록되어 있어 이미 서기 1481년 이전에 민간에 알려져온 온천의 발견 역사가 오래된 온천이다. 온천의 온도는 46℃이다.

온천수의 화학 성분(단위, mg/l)은 칼륨+나트륨 17.2, 칼슘 6.8, 마그네슘 2.8, 탄산염 62.8, 염소 16.0, 황산염 26.8 이다 (부록 2 참고).

이 온천의 특징은 이 지역의 기타 온천에 비하여 가스 분출량이 많은 특징이 있다. 예로부터 피부병, 신경통, 위장병 치료에 이용되어왔으며 관절염, 신경통, 여성 성인병, 만성습진 등에 효과가 있다.

온포온천(溫浦溫泉)

위치 : 함경북도 경성군

천질 : 중탄산토류천

온도 : ?

주요성분 : HCO_3^-, Ca^{2+}, Al^{3+}, SO_4^{2-}, Mg^2, Na^+, K^+

효능 : 신경통, 관절염, 피부병 등

함경북도 주을온천에서 서북으로 8km에 위치하며 해발 고도 500m에 위치하고 있어 주변 온천 지역의 지형과 비교하여보면 비교적 높은 산악 지역에 위치하고 있다. 약 400년 전에 발견된 북한 명승지로 지정되어 있다. 라돈 온천으로 유명하다.

이 지역은 교통 요충지로 일제 때에 일본 육군전지 요양소가 있었으며 광복 후에도 이를 북한이 휴양소로 활용하고 있다. 이 온천 부근에는 오심암 룡택이라는 명승지가 있다. 온천수 용출구가 많고 온천수의 용출량도 많다. 온천수의 화학 성분(단위, mg/*l*)은 칼륨+나트륨 32.5, 칼슘 4.2, 마그네슘 5.3, 탄산염 49.4, 염소 9.0, 황산염 29.2이다. 소량의 라돈을 함유하고 있으며 신경통, 관절염, 피부병에 효과가 있다.

성정온천(城井溫泉)

위치 : 함경북도 경성군

천질 : 중탄산토류천

온도 : ?

주요성분 : Na^+, K^+, Ca^{2+}, Al^{3+}, Cl^-, SO_4^{2-}, HCO_3^-

효능 : 피부 질환, 눈병, 신경통, 류마티스, 부인병, 근육통 등

성정온천은 주을온천에서 남서쪽으로 약 12km 떨어진 곳에 위치하며 이곳에서 약 12km 서쪽에 보상온천이 분포하고 있는 온천 밀집 지역에 분포하고 있는 온천 중의 하나이다. 이 온천은 산악 지역 속의 해발 고도 200m 계곡에 위치하며 삼림이 무성하다. 온천수의 특성은 주변의 온포온천, 주을온천과 유사하다.

황진리온천(黃塵里溫泉)

위치 : 함경북도 명천군 황진리

천질 : 중탄산토류천

온도 : 50.5℃

주요성분 : Na^{+}, K^{+}, Ca^{2+}, Al^{3+}, Cl^{-}, SO_4^{2-}, HCO_3^{-}

효능 : 만성염증 질환, 관절염, 불임증, 피부병 등

황진리온천은 함경북도 명천군 황진리에 위치하고 있다. 온천은 해발 40m 고도의 동해안 해변 가까이에 위치하고 있다. 부근에 사리온천, 길주온수평온천이 분포하고 있다. 온천에 가까운 거리에 북한에서 절경으로 잘 알려진 칠보산이 위치하고 있어 온천 관광과 함께 자연 경관의 수려함을 함께 맛볼 수 있다.

이 온천의 천온은 50.5℃이며 6개의 용출구에서 나오는 온천수는 각기 온도가 다르다. 온천수의 화학 성분(단위, mg/l)은 칼륨+나트륨 128.3, 칼슘 2.8, 탄산염 137.2, 염소 10, 황산염 9.8이다. 만성염증성 질환, 관절염, 여성생식기 만성염증성 질환 불임증, 각종 피부

질환에 효능이 있는 것으로 알려져 있다.

룡천리온천(龍泉里溫泉)

위치 : 함경북도 하남시

천질 : 중탄산토류천

온도 : 20~36℃

주요성분 : Na^{+}, K^{+}, Ca^{2+}, Al^{3+}, Cl^{-}, SO_4^{2-}, HCO_3^{-}

효능 : 만성염증 질환, 관절염, 불임증, 피부병 등

함경북도 하남시 서북 12km 지점에 위치하고 있다. 2곳의 온천수 용출구가 있으며 각각의 용출 온도는 36℃와 20℃로 천온이 비교적 낮은 편이다.

온천수의 화학 성분의 이온농도(단위, mg/*l*)는 칼륨+나트륨 41.3, 칼슘 6.2, 마그네슘 2.0, 탄산염 45.6, 염소 14.0, 황산염 19.2 이다(부록 2).

길주온수평온천(吉州溫水坪溫泉)

위치 : 함경북도 길주군 온수평리

천질 : 중탄산토류천

온도 : 68.5℃

주요성분 : Na^{+}, K^{+}, Ca^{2+}, Al^{3+}, Cl^{-}, SO_4^{2-}, HCO_3^{-}

효능 : 피부병, 위장병 등

함경북도 길주군 온수평리에 위치하며 길주 명천 지구대 내의 저

지대 지형 위에 분포하고 있다. 길주-명천 지구대는 길주-명천을 잇는 지역에 신생대 지구조 운동시에 형성된 2조의 정단층 사이 지역이 주변 지역에 비하여 상대적으로 가라앉아 지형적으로 낮은 지역을 말한다. 우리나라의 추가령 구조곡과도 관련이 있다. 이집트 나일 강 지역의 나일 강 지구대가 세계적으로 유명하다. 이 지구대를 따라 제3기, 제4기 화산 활동이 수반되고 있다. 온천수의 온도는 68.5℃이며 용출량이 많다. 6곳의 온천수 용출구가 확인되어 있다. 온천수의 화학 성분(단위, mg/l)은 나트륨+칼륨 110.2, 칼슘 6.8, 탄산염 190.2, 염소 30.6, 황산염 39.2이다. 피부병과 위장병에 효능이 큰 것으로 알려져 있다.

세천온천(洗川溫泉)

위치 : 함경북도 김책군 세천리

천질 : 중탄산토류천

온도 : 60.5℃

주요성분 : Na^+, K^+, Ca^{2+}, Al^{3+}, SO_4^{2-}, HCO_3^-

효능 : 척추 질환, 피부병 등

세천온천은 함경북도 김책군 세천리에 위치하는 500여 년 전부터 알려져온 온천으로 『동국여지승람』에는 "화룡동온천" 으로 기재되어 있다. 7곳의 온천 용출구가 알려져 있으며 온도는 60.5℃로 높은 편이며 수량도 많다. 온천수의 화학 성분(단위, mg/l)은 칼륨+나트륨 100.9, 칼슘 8.8, 마그네슘 1.5, 탄산염 98.8, 염소 26.0, 황산염 98.0이다. 보양 의료 시설을 갖추고 있다. 척추 질환과 피부병 등에 효능이 잘 알려져 있다.

송흥온천(松興溫泉)

위치 : 함경북도 김책군 송흥리

천질 : 중탄산토류천

온도 : 49℃

주요성분 : Na^+, K^+, $SO4_2^-$, HCO_3^-

효능 :관절염, 만성습진 등

함경북도 김책군 송흥리에 위치하며 김책시 서북 12km에 소재하고 있다. 약 150여 년 전 변홍원이라는 사람이 처음 개발 · 사용한 것으로 전해오고 있다. 온천의 수온은 49℃이며 용출량이 비교적 많다. 온천수의 화학 성분(단위, mg/l)은 칼륨+나트륨 89.2, 칼슘 6.0, 마그네슘 5.6, 탄산염 81.7, 염소 11.0, 황산염 76.8 이다. 관절염, 만성 자궁근성 내막염, 만성습진 등에 효험이 인정되고 있다.

판장온천(板掌溫泉)

위치 : 함경북도 라진군 판장리

천질 : 중탄산토류천

온도 : 33℃

주요성분 : Na^+, K^+, Ca^{2+}, SO_4^{2-}, HCO_3^-

효능 : ?

함경북도 라진군 판장리에 위치하고 있다. 온천 주변 멀리에 응

암산(521m)과 연대봉(589m)의 높은 산이 있다. 2곳의 온천수 용출구가 있으며 천온은 33℃로 낮다. 온천수의 화학 성분(단위, mg/l)은 칼륨+나트륨 27.7 칼슘 9.6, 마그네슘 6.0, 탄산염 52.4, 염소 8.0, 황산염 29.4이다.

장백온천(長白溫泉)

위치 : 백두산 천지의 북측에 위치(그림 2-13 참고)

천질 : 중탄산나트륨천

온도 : 46~81℃

주요성분 : Na^+, K^+, Ca^{2+}, Al^{3+}, HCO_3^-

효능 : ?

해발 2749m의 백두산은 신생대에 현무암질 마그마와 화산쇄설물이 여러 차례 분출한 거대한 복합 화산(composite volcano)이다. 백두산 화산체 중심부에는 평균 수심 204m의 천지(天池)라고 부르는 칼데라 호가 만들어져 있다. 백두산은 현재 지리적으로 천지를 양분하여 북한과 중국의 영토로 되어 있다. 백두산 화산 분출은 신생대 마이오세(지금으로부터 280만 년 전)에 현무암 용암이 분출하기 시작하여 역사 시대에 이르기까지 수차례 분출하였다. 후기 화산 분출 시기에는 조면암질 용암이 폭발적으로 분출하여 부석과 화산재가 일본 홋카이도, 아오모리 지역까지 날아가 오가와라 호수 퇴적층에서도 백두산 화산재 층이 확인되고 있다.

한반도의 화산의 부석이나 화산재는 화학 성분에 알칼리 성분(K_2O+Na_2O) 함량이 높아 일본의 화산재와는 쉽게 구별된다. 화산체 주변에는 현재에도 지열 징후가 있으며 천지 화구호 주변에 몇 곳의 온천이 알려져 있다. 대표적인 온천은 장백온천(장암온천), 백암온천, 백두온천, 제운온천, 금강온천이다(그림 2-7 참고).

천지 호숫가에 있는 호빈온천(湖濱溫泉)으로 백암온천과 백두온천이 있다. 1980년부터 북한 지질학자들의 천지 종합 탐사에서 화학 성분 등을 조사했다. 천문봉 아래에 위치한 백암온천은 호반에 길이 500m, 폭 100m, 면적 50,000㎡의 대규모 온천이다. 화산 쇄설물이 호안에 퇴적되어 있으며 온천수는 호안의 물속에서 수십 개소에서 용출되고 있다. 온천의 온도는 46℃이다. 황화수소가 분출되어 냄새가 풍긴다. 또 한 곳의 호반에 있는 온천은 장군봉 서쪽 아래의 백두온천이다. 백두온천은 최대 수온이 73℃이며 평균 53℃이다. 천지 북쪽 2km 위치에 장백온천(長白溫泉), 천지 남남서 6km 떨어진 지역에 제운온천과 금강온천(錦江溫泉)이 있다. 백두온천과 백암온천은 중탄산 나트륨천에 속하며 메탄(CH_4)과 황화수소(H_2S)가 방출되고 있다(김정락 외, 1998). 그 중 가장 대표적인 온천이 장백온천이며 온천 휴양 및 숙박 시설도 잘 갖추어져 있다. 장백온천의 지표면에서 온천수의 용출 온도는 63.7~80.7℃이다. 용존 이온의 화학평형 지질 온도계를 이용하여 계산된 장백온천의 지하 온천 대수층에서 온도는 140~160℃로 추정되고 있다(에하라, 2003).

이처럼 온천수는 나트륨-탄산염(Na-HCO_3)형의 화학적 특성을 나타내고 있다. 그러나 천부 지하수 기원으로 생각되는 온천수는 칼슘(마그네슘)-탄산염((Ca-Mg)-HCO_3)형을 나타내며 이 지역의 지하수는 위의 두 유형의 중간 성분의 특징을 가지고 있다. 온천수의 산소와 수소 안정동위원소비 분석 자료(에하라, 2003)에 의하면 위

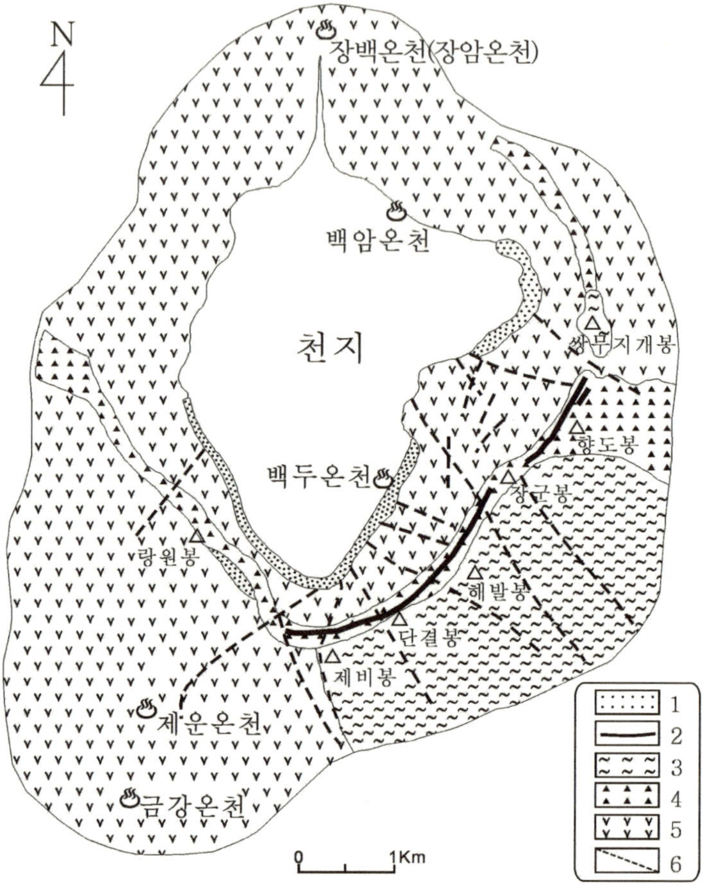

그림 2-7 백두산 부근에 분포하고 있는 온천. 1, 부석층, 2, 흑요석층, 3, 유문암-조면암, 4, 조면암질 각력암, 응회암, 5, 조면암, 6, 구조선

도와 고도의 영향 때문에 한반도에서는 가장 가벼운 동위원소비 ($\delta^{18}O=-14‰$ 내외, $\delta D=-100‰$ 내외)를 가지며 순환수선($\delta D=8\delta^{18}O+10$) 상에 도시되어 온천수가 순환수 기원임을 잘 나타내고 있다. 온천수 중의 가스는 90% 이상이 이산화탄소(CO_2)로 되어 있

으며, 질소(N_2), 0.7%, 메탄(CH_4)도 질소보다 다소 낮은 함유량을 가지고 있다. 질소-헬륨-아르곤 가스 분석 자료에 의하면 백두산 장백 온천수는 지각 기원의 헬륨 화학적 특성을 나타내 공기에 포화된 지하수 기원의 온천수의 특징을 나타내고 있으며 마그마 기원의 심부 기원 가스의 화학적 특성은 나타나지 않았다.

『중국 대륙의 화산, 지열, 온천』이라는 저서(에하라, 2003)에서 백두산 장백온천 지역의 지열과 온천의 흥미 있는 조사 연구를 소개하고 있다. 자세한 지화학적, 지구 물리학적 탐사 연구에서 그림 2-14와 같은 장백온천의 성인 모델을 제시하였다.

장백온천은 백두산 지각 하부 7~8km에 위치한 뜨거운 마그마로 발생한 주로 수증기(H_2O)로 된 뜨거운 유체상의 화산 가스가 화구로 상승하여 지하 2km 깊이 천지에서 침투한 순환수와 혼합되어 뜨거운 열수를 만들게 되었다(그림 2-8 참고).

백두산 화산은 휴화산?

백두산은 신비의 산으로 우리 한민족이나 중국 동북 지역의 여러 민족의 건국 신화의 무대가 되어왔다. 백두산은 "백색의 부석이 덮여 마치 하얀 머리 모양을 나타내고 있다 하여 백두산"이라 부르게 되었다고 기록하고 있다. 우리 민족은 먼 옛날부터 백두산으로 부르고 있다. 그러나 한족은 불함산(不咸山), 단단대령(單單大嶺), 태백산(太白山), 도태산(徒太山), 태황산(太皇山), 노백산(老白山), 장백산(長白山)이라 부르기도 하였으며 만주족은 과륵민산연아림(果勒敏珊延阿林)이라 불렀다.

백두산 지역의 화산 분출은 중국 동북부 지역에 광범위하게 분출

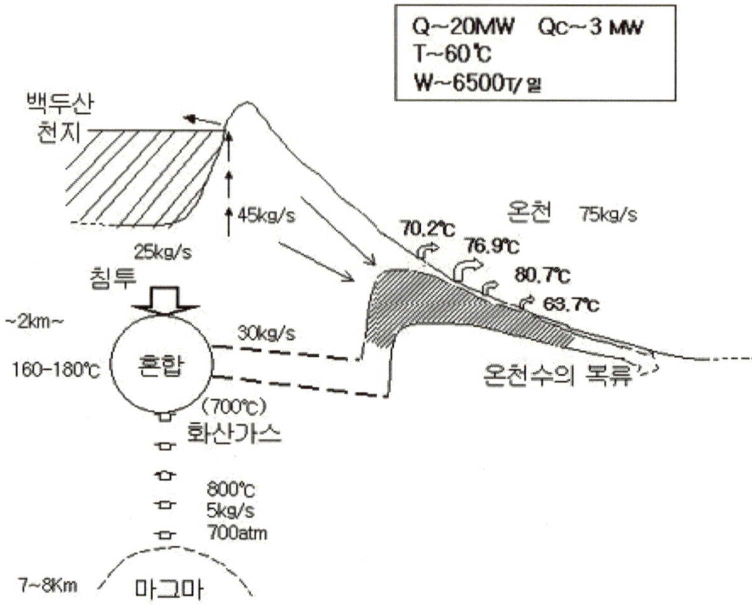

그림 2-8 백두산 지역 장백온천의 열적 모델 (에하라, 2003)

한 현무암 용암 분출처럼 초기에는 현무암질 마그마가 분출하였다. 그후 크게 5차례 용암과 화산쇄설물을 분출하였다. 신생대 올리고세(27.3Ma, Liu, 1987) 시기에 대량의 현무암질 마그마가 분출하기 시작하여 두께 400~600m 현무암 용암층이 이 일대 주변 광범위한 용암 대지를 이루고 있다. 특히 화산 분출 초기에 분출한 현무암 용암 중에는 맨틀 조각이 함유되어 분출된 소위 맨틀 포획암(mantle xenolith)이 산출되기도 한다. 맨틀 포획암을 함유한 현무암의 칼륨-아르곤(K-Ar) 연대측정결과가 18-21Ma로 얻어졌다. 화산 분출 후기에 오면 조면암질 또는 유문암질 마그마가 백두산 화산 하부 마그마방에서 형성되어 플리니형(Plinian)의 폭발적인 분출로 대량의 조면

그림 2-9 백두산 천지의 칼데라 호. 칼데라 호 저변에도 온천이 분포하고 있다.

암질 부석과 화산재를 분출하게 된다. 천지의 화구호(그림 2-9 참고)를 중심으로 대규모의 백두산의 본 화산채와 주변에 기생 화산이 다수 형성되어 있다.

화구호 주변에 분기공도 관찰되며 지하의 뜨거운 지열류에 의해 온천도 형성되어 있으며 지하의 지열 활동도 계속되고 있다. 최근 1만 년 사이에 화산 분화 활동의 간격은 1300~1500년이다. 조면암질 테프라와 화산재층, 알칼리 유문암질 부석과 화산재층이 규칙적으로 퇴적되어 있다. 이 같은 규칙적인 분출에서 금후 100년 이내에 백두산 화산 분출이 재개될 것이라는 추측도 하고 있다(에하라, 2003).

장백온천 마을에 설치된 화산 관측소의 화산성 지진 발생 횟수가 1985년 3회, 1986년 12회, 1991년 29회 발생하고 있어 지하 마그마 방에 물과 휘발성분이 증가하여 내부 압력이 점차 증가하고 있는 것으로 추정하고 있다.

최근 백두산 부석층에 매몰된 탄화목의 탄소동위원소(^{14}C)연대 측정에서 AD 929~945년(나카무라〔中村〕 외, 2004)이 얻어졌다.

역사 기록에 의하면 발해 멸망은 AD 926년이 통설이므로 백두산 화산 대폭발 이전에 발해는 이미 멸망한 것이 된다.

백두산 화산 폭발은 일본의 토와다호(十和田湖) 화산 폭발과 함께 10세기경에 동북 아시아 지역에서 일어난 가장 규모가 큰 화산 폭발이다. 화산재와 부석 덩어리가 멀리 날아가 일본 아오모리 현의 오가와라호(小川原湖) 호수의 퇴적층 중에 13cm 두께의 진흙층에서 AD 937년경에 분출한 토마코마이 화산재(苫小牧火山灰)와 AD 915년경에 분출한 토와다호(十和田湖) 화산재층이 함께 발견되고 있다(그림 2-10 참고).

백두산 부석은 일본의 화산재에서와 달리 알칼리 성분(K_2O+Na_2O)이 대단히 높아 쉽게 구별된다(표 2-2 참고).

백두산(매그니튜드, M, 7.4)은 과거 2000년간 분출한 화산 중에 세계 최대 화산이다. 1815년 인도네시아 톰보라 화산(M, 7.1)이 이 시기에 분출한 세계 최대 규모의 화산이었다. 백두산 화산재와 일본의 토마코마이 화산재의 분출 시대가 서로 유사하며 백두산-토마코마이(B-Tm) 화산재층으로 잘 알려져 있다. 고고학적으로 대단히 중요한 건층(Keybed)이다. 더욱이 마치타(町田, 1992)는 7세기에 건국되어 동아시아를 지배한 발해국의 멸망이 백두산 화산 분출과 관련이 깊다고 주장하였다. 그 당시 백두산 주변의 화산 폭발로 인한 자연 재해는 대단히 컸을 것으로 추정하고 있다.

표 2-2 백두산 부석중의 유리질 물질의 화학 성분(wt%) (타나카 외, 1999)

SiO_2	76.38	75.30	73.01	75.41	76.22	74.45	73.69	72.36	75.85	75.69	74.84
TiO_2	0.24	0.23	0.22	0.17	0.26	0.25	0.26	0.25	0.23	0.17	0.23
Al_2O_3	10.67	10.52	10.23	10.40	10.50	10.50	10.51	10.48	11.01	10.87	10.59
FeO	3.74	3.51	3.81	3.65	3.48	3.48	3.49	3.93	3.65	3.85	3.68
MnO	0.05	0.06	0.11	0.07	0.12	0.12	0.11	0.03	0.01	0.03	0.07
MgO	0.02	0.00	0.04	0.04	0.00	0.00	0.02	0.00	0.01	0.02	0.02
CaO	0.20	0.22	0.23	0.27	0.20	0.20	0.16	0.16	0.18	0.20	0.20
Na_2O	4.93	5.00	4.34	5.00	4.03	4.03	4.60	5.19	5.51	5.61	4.91
K_2O	5.27	5.11	4.95	5.24	4.79	4.79	4.79	5.51	5.31	5.19	5.13
Total	101.50	99.95	96.94	100.25	97.82	97.82	97.63	97.91	101.76	101.63	99.67

FeO*는 total FeO임.

보천 내곡 온수평온천(溫水平溫泉)

위치 : 량강도 보천군 내곡리

천질 : 중탄산토류천

온도 : ?

주요 성분 : Na^+, K^+, Ca^{2+}, Cl^-, SO_4^{2-}, HCO_3^-

효능 : 피부병, 위장병

량강도 보천군 내곡리에 위치하며 이 온천은 사냥꾼들에 의해 처음 발견되었다고 구전으로 전해내려오고 있다. 만성소화기 질환자와 피부병과 옴 오른 지역 주민들이 주로 이용하였다고 한다. 4곳의 용출구에서 솟아나는 온천수 중 한 용출구는 지하 3m의 얕은 깊이에서 용출하고 있다. 온천수의 온도는 38℃ 내외이며 용출량은 많지 않다. 온천수의 화학 성분의 이온농도(단위, mg/*l*)는 칼륨+나트륨

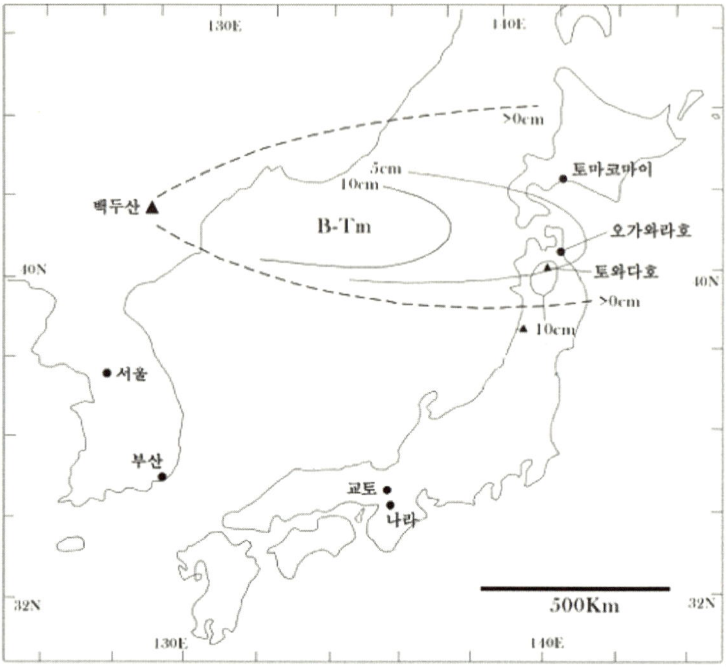

그림 2-10 백두산 -토마코마이 (B-Tm) 화산재층의 분포 (마치다와 아라이, 1992)

159.1, 칼슘 24.5, 마그네슘 12.2, 철 0.2, 탄산염 408.7, 염소 36.0, 황산염 69.2이며 온천수 중에 CO_2, H_2S 가스가 용존하고 있는 유황천이다.

인흥온천(仁興溫泉)

위치 : 함경남도 인흥군 인흥리

천질 : 중탄산토류천

온도 : 33℃

주요성분 : Na^+, K^+, Mg^2, Ca^{2+}, Cl^-, SO_4^{2-}, HCO_3^-

효능 : 피부병, 만성위염 등

함경남도 인흥군 인흥리에 위치하며 동해안에서 12km 거리에 있다. 『동국여지승람』 48권 여홍도호부장에 담천이 여홍대도호부 소재지로부터 동쪽 십오리 위치에 있으며 그 물은 미온이고 짜다는 등으로 기록되어 있어 해안에 가까운 해수 혼입 온천임을 말해주고 있다. 1932년부터 온천 개발이 시작되었다. 반경 500m 내의 5개 공의 용출구에서 온천수가 용출되고 있다. 온천수의 온도는 33℃로 낮다.

온천수의 화학 성분(단위, mg/l)은 칼륨+나트륨 1975, 칼슘 129, 마그네슘 145, 탄산염 244, 염소 3500, 황산염 76로 식염천의 특성을 나타내고 있다. 화학 분석에서도 해수 유입의 화학적 특성이 잘 나타나고 있다. 온천수는 피부병과 만성위염 등 만성위장병에 효능이 있는 것으로 알려져 있다.

갈산온천(葛山溫泉)

위치 : 강원도 판교군 구당리

천질 : 중탄산토류천

온도 : ?

주요성분 : Na^+, K^+, SO_4^{2-}, HCO_3^-, H_2S

효능 : 피부병, 만성류마티스, 성병, 부인병, 수은 중독, 납 중독 등

강원도 판교군 구당리에 위치하며 이 온천 북측에 로탄약수, 로탄온천이 분포하고 동쪽에 안변-정강 철길 부근에 석왕사약수, 삼방약수 등 탄산약수가 잘 알려져 있다. 이 온천 2km 서측이 임진강 상류 발원지이다. 6.25 전쟁시 인민군과 중공군 부상자들의 치료소로 활용되었다고 한다. 온천수의 화학 성분(단위, mg/l)은 칼륨+나트륨

57.9, 칼슘 2.4, 철 0.5, 탄산염 98.2, 염소 11.0, 황산염 24.9, 황화수소 2.2로 황화수소와 미량의 불소가 함유되어 있다. 피부병, 만성 류마티스, 성병, 부인병, 수은 및 납 중독 등에 효과가 큰 것으로 알려져 있다.

로탄온천(露彈溫泉)

위치 : 강원도 범동군 로탄리

천질 : 중탄산토류천

온도 : ?

주요성분 : Na^{+}, K^{+}, Ca^{2+}, SO_4^{2-}, HCO_3^{-}

효능 : 피부병, 위장병, 신경통 등

온천은 강원도 범동군 로탄리에 위치하며 원산에서 서남쪽 72km 위치에 있다. 주변에 임진강이 흐르고 있다. 550여 년 전 『동국여지승람』 47권에 「伊川縣 〈山川〉 寺洞溫泉 在縣北九十九里 正統六年 我世宗 命構行宮 七年春駕幸御之 其所爲火所楚」로 이천현 장의 “산천” 조에 사동온천이 이천현 북방 99리에 소재하며 정통 6년에 세종대왕이 이 온천을 방문한 것으로 기록되어 있다.

자연 용출구가 많이 있으며 화학 성분의 이온농도(단위, mg/l)는 칼륨+나트륨 170.3, 칼슘 41.2, 마그네슘 8.1, 망간 0.1, 탄산염 518.5, 염소 5.2, 황산염 14.4이다. 피부병, 위장병, 신경통에 치료 효과가 있는 것으로 알려져 있다.

외금강온천(外金剛溫泉)(**구 온정리온천** 溫井里溫泉)

위치 : 강원도 고성군 신북면 온정리

천질 : 단순온천

온도 : 40～45℃

성분 : Ca^{2+}, Na^{+}, Mg^{2+}, HCO_3^{-}, Cl^{-}, SO_4^{2-}, Rn

『동국여지승람』 45권에 기록되어 있는 옛날부터 알려져온 온천이다. 금강산의 금강 부근의 빼어난 주위 경관에 흑운모 화강암과 접촉한 화강편마암체 내에서 용출되는 중성～약알칼리성 온천이다. 특히 한반도에서 가장 라돈(Rn) 산출량이 높은 라돈 온천이다. 금강산 관광으로 앞으로 기대되는 온천이다.

강원도 고성군 온정리에 위치하며 7km 북쪽에 장전항이 위치하고 있다. 온천 주변에 한반도에서 절경으로 알려진 금강산 만물상, 구룡폭포, 삼선암, 비로봉 등이 있어 수려한 경치를 즐길 수 있다. 온천의 10km 남쪽에는 삼일포가 있다. 해방 전 주로 유흥 장소로 이용되었다. 온천은 중생대 쥐라기 화강암체 내에서 용출되고 있으며 온도는 37～41℃이다. 온천의 수량은 많은 편이다. 현재 대한민국의 현대아산 주식회사가 금강산 온천장을 새로 개발하여 금강산 관광 휴양지로 개발 활용하고 있다.

온천의 화학 성분(단위, mg/l)은 칼륨+나트륨 18.9, 칼슘 14, 마그네슘 3.8, 탄산염 54.8, 염소 5.0m, 황산염 28.8 로 단순온천이다.

류마티스성 심근경색류, 동맥경화, 관절염, 신경계통 질환자, 비뇨기 질환 등의 효험이 큰 것으로 알려져 있다.

삭주온천(朔州溫泉)

위치 : 평안북도 삭주군 온천리

천질 : 중탄산토류천

온도 : 53.5℃

주요성분 : Na^+, K^+, Mg^2, Ca^{2+}, Cl^-, SO_4^{2-}, HCO_3^-

효능 : 피부병, 여성성인병, 신경통, 말초신경계통 등

평안북도 삭주군 온천리 해발 280m에 위치하고 있다. 삭주읍으로부터 10km 남쪽 합수천 계곡에 위치하고 있다. 온천은 약 300년 전 삭주군이 대관에서 이곳으로 이전할 때 발견된 것으로 추정하고 있다. 5개소의 자연 용출구가 확인되었으며 용출 수량이 많다. 온천의 수온은 53.5℃ 정도이다. 온천수의 화학 성분(단위, mg/l)은 칼륨+나트륨 37.8, 칼슘 15, 마그네슘 7.9, 탄산염 79.3, 염소 12, 황산염 38.4이다(부록 2 참고).

피부병과 여성 성인병, 신경통, 말초 신경계통에 효험이 있다고 알려져 있다.

신온온천(新溫溫泉)

위치 : 평안북도 대관군 신온리

천질 : 중탄산토류천

온도 : ?

주요성분 : ?

효능 : 피부병, 위장병 등

평안북도 대관군 신온리 해발 240~270m에 위치하고 있다. 온천은 『동국여지승람』 53권(1481년)에 삭주도호부 남쪽 30리에 온천이 있다고 기록되어 있다. 삭주온천에서 동남쪽 가까운 거리에 위치하고 있다. 삭주온천보다 먼저 발견되었기 때문에 지역 주민들은 신온온천을 구온천, 삭주온천을 신온천이라고 부르기도 한다.

피부병과 위장병에 효능이 알려져 있다.

운산온천(雲山溫泉)

위치 : 평안북도 운산군 온정리

천질 : 중탄산토류천

온도 : ?

주요성분 : Na^{+}, K^{+}, Mg^{2}, Ca^{2+}, Cl^{-}, H_2S, SO_4^{2-}, HCO_3^{-}

효능 : 피부병, 여성 성인병, 신경통, 말초신경계통 등

평안북도 운산군 온정리 해발 100m에 위치하고 있다. 평양-신의주간 철도의 맹중리 기차역에서 북쪽으로 74.5km 거리에 위치하고 있다. 온천 지역은 중현강과 구룡강의 합류 지점 부근에 위치하고 있다. 이 지역에는 고장온천과 500m 거리를 두고 가래나무원 온천이 있다. 약 550여 년 전 노천온천으로 시작하였다. 온천은 피부병, 신경통에 효과가 알려져 있다.

온천수의 화학 성분의 이온농도(단위, mg/*l*)는 칼슘+나트륨 53.6, 칼슘 12.6, 마그네슘 8.1, 탄산염 64.0, 염소 12.0, 황산염 88이며 황화수소가 산출되고 있는 특징이 있다.

사천온천(四川溫泉)

위치 : 평안북도 향산군 석창리

천질 : 중탄산토류천

온도 : 39.5 ℃

주요성분 : Na^+, K^+, Ca^{2+}, Cl^-, SO_4^{2-}, HCO_3^-

효능 : 피부병, 신경통, 위장병등

평안북도 향상군 석창리 해발 86~100m에 위치하고 있다. 운산온천에서부터 28km 남쪽에 위치하고 있다. 용출구가 하천변에 있어 하천수가 혼입되게 되어 있다. 온천수의 온도는 39.5℃이다. 온천수의 화학 성분(단위, mg/l)은 칼륨+나트륨 57, 칼슘 30.2, 마그네슘 2.7, 망간 0.1이며 탄산염 60.3, 염소 33.0, 황산염 96.0이다.

피부병과 신경통, 위장병 치료에 이용되고 있다. 사천온천 주변에는 어비약수, 신흥약수 등 탄산약수가 분포하고 있다. 특히 구성역 주변에 하탄약수, 운계약수, 천진약수, 역화약수, 소니골약수 등 탄산천이 다수 분포하고 있다.

원흥온천(元興溫泉)

위치 : 자강도 동신구 원흥리

천질 : 중탄산토류천

온도 : 43.5℃

주요성분 : Na^+, K^+, Ca^{2+}, Cl^-, H_2S, SO_4^{2-}, HCO_3^-

효능 : 중추신경계, 만성염증 질환, 관절염, 척추 질환, 피부 질환 등

자강도에는 원홍온천과 신풍소무온천 두 지역만이 알려져 있다. 원홍온천은 해발 260m에 위치한 자강도 동신구 원홍리에 위치하고 있다. 천온은 43.5℃이다.

온천 주변에 해발 500m의 연두봉, 각닥봉, 박달봉, 솔대봉 등의 봉우리가 발달하여 주변 경관이 대단히 뛰어나다. 3개의 용출구가 알려져 있으며 넓은 지역이 지온이 높아 겨울에 눈이 녹는다. 온천수의 화학 성분(단위, mg/l)은 칼륨+나트륨 47.9, 칼슘 7.1, 마그네슘 2.2, 철 0.2, 탄산염 51.8, 염소 16.0, 황산염 34.3이다. 특히 황화수소와 질산이온이 산출되고 있다.

중추신경계, 만성염증 질환, 관절염, 척추 질환, 피부 질환 등에 효능이 있다.

신풍소무온천(新風昭武溫泉)

위치 : 자강도 동신군 온천리

천질 : 중탄산토류천

온도 : 56℃

주요성분 : Na^+, K^+, Ca^{2+}, Cl^-, SO_4^{2-}, HCO_3^-

효능 : 비결핵성 척추 질환, 불임증, 피부 질환, 기타 알레르기성 질환 등

신풍소무온천은 자강도 동신군 온천리 해발 580m 위치에서 용출되고 있다. 신풍소무온천은 낭림산맥 북사면에 위치하며 1100~1200m의 높은 산맥으로 둘러싸여 있다. 백두산 지역 다음으로 해발고도가 높은 지역에서 온천수가 용출되고 있다. 주변 경관이 대단히

아름답다. 1917년부터 온천욕장 시설이 만들어져 이용되어오고 있다. 2곳의 용출구에서 온천수가 용출되며 천온이 56℃로 비교적 높으며 용출량도 많다. 온천수의 화학 성분은 원흥온천과 유사하며(단위, mg/l) 칼륨+나트륨 56.3, 칼슘 4.8, 마그네슘 14, 철 0.2이다. 그리고 탄산염 68.3, 염소 5.0, 황산염 57.6이다.

원흥온천에서와 같이 황화수소가 용출되고 있는 황온천이다. 효능도 원흥온천과 유사하며 비결핵성 척추 질환, 불임증, 피부 질환, 기타 알레르기성 질환에 좋다.

룡강온천(龍江溫泉)

위치 : 평안남도 온천군 온천읍

천질 : 해수 식염천

온도 : ?

주요성분 : Na^{+}, K^{+}, Mg^{2+}, Ca^{2+}, Cl^{-}, SO_4^{2-},

효능 : 복강 내 염증 및 후유증, 신경계통 질환, 류마티스, 관절염, 척추 질환, 여성생식기 만성염증성 질환, 비뇨기 질환, 만성습진 등

룡강온천은 해발 5m의 평안남도 온천군 온천읍에 위치하고 있다. 평양에서 서측 50km 서해안가에 분포하고 있으며 남포에서 북쪽으로 24km 거리에 있다.

온천의 발견 연도는 불명확하나 중국과 교역이 빈번할 당시 한 중국인에 의해 발견되었다는 설도 있다. 온천수는 늪 지역에서 용출되고 있다.

온천수의 화학 성분(단위, mg/l)은 칼륨+나트륨 5373.7, 칼슘 3075, 마그네슘 634.9, 철 0.4이다. 그리고 탄산염 83.4, 염소 14650, 황산염 576.0이다.

해안가에 위치하여 온천수는 해수가 유입된 식염천이다. 효능은 복강 내 염증 및 후유증, 신경계통 질환, 류마티스, 관절염, 척추 질환, 여성생식기 만성염증성 질환, 비뇨기 질환, 만성습진에 좋다.

성천온천(成川溫泉)

위치 : 평안남도 성천군 온정리

천질 : 중탄산토류천

온도 : ?

주요 성분 : Na^{+}, K^{+}, Ca^{2+}, Cl^{-}, SO_4^{2}, HCO_3^{-}

효능 : 피부병, 위장병 등

평안남도 성천군 온정리 해발 65m에 위치하고 있다. 순천읍에서 동쪽 20km 지점에 있다. 이 온천은 대동강에서 가깝다. 온천 지역의 북쪽에는 200~300m 고도의 백운산이, 서남쪽에 갈산(226m)이 온천 지역을 둘러싸고 있어 주변 경치가 아름답다. 지하 약 12m 깊이에서 온천수가 용출되고 있다.

온천수의 화학 성분(단위, mg/l)은 나트륨+칼륨 71.9, 칼슘 9.4, 망간 0.03, 탄산염 97.6, 염소 24.0, 황산염 6.0이다. 단순 온천이다. 피부병과 위장병에 효능이 알려져 있다.

석탕온천(石湯溫泉)

위치 : 평안남도 양덕군 온정리

천질 : 중탄산토류천

온도 : 40~76.5℃

주요성분 : Na^+, K^+, Ca^{2+}, Cl^-, SO_4^{2-}, HCO_3^-, H_2S

효능 : 말초 및 중추신경계통 질환, 관절염, 각종피부 질환 등

석탕온천은 평안남도 양덕군 온정리 해발 320m에서 용출되고 있다. 온천은 양덕읍 동측 약 24km, 원산시 서측 72km 지점에서 위치하고 있으며 교통이 편리한 지역에 위치하고 있다. 별탕지, 원탕지, 절탕지가 알려져 있으며 이들 간에는 1.5~2km씩 떨어진 곳에서 온천수가 용출되고 있다. 별탕지의 천온은 72℃로 수온이 높은 편이며 원탕지는 40~76.5℃이다. 다른 지역에 비해 온천수의 온도가 높은 특징이 있다.

온천수의 화학 성분(단위, mg/l)은 칼륨+나트륨 76.9~80, 칼슘 3.1~33.2, 탄산염 204.3~210.4, 염소 35~32, 황산염 26.8~39.2이며 H_2S가 산출되는 황온천이다.

말초 및 중추 신경계통 질환, 관절염, 각종 피부 질환 등에 효능이 알려져 있다.

양덕온천(陽德溫泉)

위치 : 평안남도 양덕군 양덕읍

천질 : 중탄산토류천

온도 : ?

주요성분 : Na^{+}, K^{+}, Ca^{2+}, Cl^{-}, SO_4^{2-}, HCO_3^{-}

효능 : 피부병, 신경통, 소화불량 등

평안남도 양덕군 양덕읍 부근에서 용출되고 있다. 대탕지와 소탕지 2곳의 용출 장소가 알려져 있으며 이들은 서로 2km 정도 떨어져 있다.

대탕지 온천수의 화학 성분(단위, mg/l)은 칼륨+나트륨 55.8, 칼슘 17.8, 마그네슘 0.6, 철 0.3, 탄산염 122.0, 염소 25.0, 황산염 13.4이다. 황화수소가 산출되고 있는 황온천이다. 소탕지의 온천수의 화학 성분도 대탕지와 유사하다. 피부병, 신경통, 소화불량에 효과가 큰 것으로 알려져 있다.

온양온천(溫陽溫泉)

위치 : 평안남도 녕원군 온양리

천질 : 중탄산토류천

온도 : 57℃

주요성분 : Na^{+}, K^{+}, Ca^{2+}, SO_4^{2-}, HCO_3^{-}

효능 : 피부병, 신경통, 위장병 등

평안남도 녕원군 온양리 해발 400m 지역에 위치하고 있으며 영원읍에서 북쪽 48km 지점에 위치하고 있다. 온천 부근에 100m 높이의 산들이 둘러싸인 산지에 위치하고 있다. 온천수의 온도는 57℃이며 용출량이 많다.

온천수의 화학 성분(단위, mg/l)은 나트륨+칼륨 50.1, 칼슘 6.9,

마그네슘 2.3, 탄산염 103.7, 염소 6.0, 황산염 12.0이다.

피부병, 신경통, 위장병 치료에 이용되어왔다.

대천리온천(大川里溫泉)

황해북도에는 수천약수와 대천리온천만이 알려져 있다. 대천리온천은 해발고도 약 45m의 황해북도 린산군 대천리에 소재하고 있다. 개성-신의주간 철도의 평산역에서 신원쪽으로 15km 지점에 있다. 온천수가 모래 바닥에서 용출되고 있다.

신천온천(信川溫泉)

위치 : 황해남도 신천군 온정리

천질 : 라돈-유황천

온도 : ?

주요성분 : Na^{+}, K^{+}, Ca^{2+}, Cl^{-}, SO_4^{2-}, HCO_3^{-}, Rn, H_2S.

효능 : 피부병, 소화불량 등

황해남도 신천군 온정리에 위치하며 온천은 개성-신의주 철도의 지선인 황해선 신천역 동쪽 1km의 낮은 평야 지역에 위치하고 있다. 구전에 의하면 다리가 부러진 백로가 이 온천 지역에서 다리를 고쳤다 하여 백로온천이라고도 부르고 있다. 온천수의 용출구가 9곳이 알려져 있다.

온천수의 화학 성분(단위, mg/l)은 나트륨+칼륨 104.1, 칼슘 7.0, 마그네슘 2.6, 탄산염 118.3, 염소 59, 황산염 26.1이다. 라돈과 황화수소가 산출되는 라돈-황온천이다. 소화불량, 피부병 치료에 이용되어왔다. 황해남도에는 신천온천, 안악온천, 달천온천, 삼천온천, 송화온천, 이목온천, 옹진온천, 연안온천, 평산온천 등 대단히 많은 수의 온천이 분포하고 있다. 온천수의 온도도 북한 지역에서 가장 높으며 온천이 해안 지역에 가깝게 위치하고 있어 온천수에 해수가 유입된 해수 온천탕으로 유명하다.

이 지역은 지질학적으로 지구조 발달과 화성 활동이 온천 형성과 관련이 큰 것으로 보인다.

삼천온천(三遷溫泉)

위치 : 황해남도 삼천군 삼천읍

천질 : 단순천

온도 : ?

주요성분 : Na^{+}, K^{+}, Ca^{2+}, Cl^{-}, SO_4^{2-}, HCO_3^{-}

효능 : 소화불량, 냉병, 피부병, 비뇨기 질환 등

신의주-개성간의 철로의 지선인 황해선의 삼선 온천역 부근에 위치하고 있다. 행정 구역으로는 황해남도 삼천군 삼천읍에 소재하고 있다. 온천은 평야에 위치하며 해발 고도는 약 25m 내외이다.

1km 내외의 거리를 두고 위 온천과 아래 온천 두 지역이 있으며 용출구는 각각 위 온천 6개소와 아래 온천 5개소가 알려져 있다. 온천수의 화학 성분(단위, mg/l)은 나트륨+칼륨 42.3, 칼슘 14.2, 탄산염 82.7, 염소 9.0, 황산염 19.2이다. 소량의 황화수소가 산출되고 있다. 소화불량, 냉병, 피부병, 비뇨기 질환 치료에 사용되어왔다.

송화온천(松禾溫泉)

위치 : 황해남도 송화군 온정리

천질 : 유황천

온도 : ?

주요성분 : Na^+, K^+, Ca^{2+}, Cl^-, SO_4^{2-}, HCO_3^-, H_2S.

효능 : 피부병, 소화불량 등

황해남도 송화군 온정리에 비교적 고도가 낮은 (해발 약 35m 내외) 골짜기에 위치하며 주변에 100~172m 높이의 낮은 산들이 있어 주변 경치가 아름답다.

온천수의 화학 성분(단위, mg/l)은 나트륨+칼륨 105.2, 칼슘 14.4, 탄산염 64.0, 염소 23.0, 황산염 144.0이다. 황화수소가 산출되고 있다. 소화불량, 불임증에 효능이 알려져 있다.

이목온천(梨木溫泉)

위치 : 황해남도 벽성군 온천리

천질 : 유황천

온도 : ?

주요 성분 : Na^+, K^+, Ca^{2+}, Cl^-, SO_4^{2-}, HCO_3^-, H_2S.

효능 : 옻, 옴, 피부병 등

이목온천은 황해남도 벽성군 온천리에 소재하고 있다. 신천읍에서 16km 거리에 있으며 해발 60m의 평야 지역에 위치한다.

온천수의 화학 성분(단위, mg/l)은 나트륨+칼륨 35.6, 칼슘

12.6, 철 6.1, 탄산염 61.0, 염소 20.0, 황산염 31.2이다. 소량의 황화수소가 산출되고 있다. 특히 이목온천 동쪽 약 1km 지점에 "옻온수"라 불리는 온수가 용출되어 피부병, 특히 옻과 옴 치료에 효과가 큰 것으로 알려져 있다.

옹진온천(甕津溫泉)

위치 : 황해남도 옹진군 옹진읍

천질 : 해수 식염천

온도 : 106℃

주요성분 : Na^{+}, K^{+}, Ca^{2+}, Cl^{-}, SO_4^{2-}

효능 : 피부병, 소화불량 등

옹진온천은 황해남도 옹진군 옹진읍 옹진 기차역 부근에 위치하고 있다. 온천은 평야 지대에 위치하여 주변의 특색 있는 경치는 없다. 온천 발견의 역사는 조선 중엽 양만국이라는 사람이 개발하였으며 그 당시 온천의 수온이 106℃로 대단히 높았다. 그래서 지역 주민들이 이 온천수로 밥을 지어 먹었다고 전하고 있다. 북한 지역에서 가장 수온이 높은 온천이다.

온천수의 화학 성분(단위, mg/ℓ)은 나트륨+칼륨 1854.6, 칼슘 27.8, 철 0.1, 망간 0.02, 탄산염 64.0, 염소 2790.0, 황산염 115.2이다. 온천은 해안에 대단히 가까운 곳에 위치하며 온천수에 해수의 유입의 특성이 현저한 식염천이다. 피부병, 소화불량 치료에 이용되어왔다.

배천온천(拜川溫泉)

위치 : 황해남도 배천군 배천읍

천질 : 단순천

온도 : 77℃

주요 성분 : Na^+, K^+, Ca^{2+}, Cl^-, SO_4^{2-}, HCO_3^-, F^-, H_2S.

효능 : 만성소화기 질환, 부인과 질환, 관절통, 신경통 등

황해남도 배천군 배천읍에 위치하고 있으며 개성시에서 서쪽으로 26km 거리에 있다. 온천 지역은 북측에 치악산(368.7m)이 위치하고 있으며 남쪽으로 평야로 열려 있다.

온천에서 가까운 거리에 기운정, 강서사 등의 명승고적이 있다. 만성 소화기 질환, 부인과 질환, 관절통, 신경통 치료에 이용되고 있다. 천온은 77℃로 고온이다.

온천수의 화학 성분(단위, mg/*l*)은 나트륨+칼륨 179.8, 칼슘 8.1, 마그네슘 54, 탄산염 90.1, 염소 230.6, 황산염 19.2이다. 불소와 황화수소가 산출된다.

연안온천(延安溫泉)

위치 : 황해남도 배천군 금성리

천질 : 해수 식염천

온도 : 60℃

주요성분 : Na^+, K^+, Ca^{2+}, Cl^-, SO_4^2

효능 : 소화불량, 신경통, 피부병 등

황해남도 배천군 금성리에 위치하며 온천수는 서해안 해안 평야 지대에서 용출하고 있다. 온천수의 온도는 60℃이다. 온천수는 소화불량, 신경통, 피부 질환 등에 효능이 알려져 있다.

온천수의 화학 성분(단위, mg/l)은 나트륨+칼륨 771.6, 칼슘 255.2, 탄산염 54.9, 염소 1530.0, 황산염 110.4이다. 온천수는 해수 유입이 많은 식염천이다.

평산온천(平山溫泉, 학래천온천, 평천온천)

위치 : 황해남도 평천군 평천읍

천질 : 단순천

온도 : 54℃

성분 : Na^{+}, Cl^{-}, SO_4^{2-}, HCO_3^{-}, H_sS

효능 : 소화불량, 신경통, 피부병 등

황해도 지역에는 9개소의 온천이 분포하고 있어 한반도 전체 온천의 약 20%가 이 지역에 분포하고 있다. 평주온천(平州溫泉) 또는 평산온천, 평천온천이라 하기도 한다. 온천 지역에는 선캄브리아기의 편암류, 화강편마암, 흑운모화강암, 화강반암 등이 분포하고 있다. 흑운모 화강반암이 온천수와 관련성이 큰 것으로 조사되었다. 약알칼리성 온천으로 나트륨, 염소, 탄산염의 이온농도가 다소 높다. 그리고 라돈 가스 함량은 비교적 높다.

개성-신의주간 평산역에서 서남쪽 약 22km 황해남도 평천군 평천읍에 위치하고 있다(그림 2-11). 구전에 의하면 옛날 온천 지대가 습지였는데 학들이 날아와 상처난 다리를 고치고 있는 것을 보고 발

그림 2-11 1920–30년대 평산온천 공동욕탕(사진출처: 조선지질조사요보 제7권, 1926)

견한 온천으로 일명 학래천온천이라고도 불려왔다. 소화불량, 신경통, 피부병(습진), 비뇨기 질환 치료에 효능이 알려져 있다. 모래사장에서 용출되고 있으며 온천 수온이 54℃이다.

온천수의 화학 성분(단위, mg/*l*)은 나트륨+칼륨 69.4, 칼슘 10.4, 철 0.1, 탄산염 103.7, 염소 21.0, 황산염 31.2이다. 황화수소가 산출된다.

안악온천(安岳溫泉)

위치 : 황해남도 온천군 온천읍

천질 : 라돈-유황천

온도 : 67℃

주요성분 : Na^+, K^+, Ca^{2+}, Cl^-, SO_4^{2-}, HCO_3^-, Rn, H_2S.

효능 : 소화불량, 피부병, 신경통 등

안악온천은 황해남도 온천군 온천읍에 소재하고 있다. 재령역에서 서북쪽 32km 거리에 있다. 온천 치료시 미신적인 종교 의식으로 물애기씨라는 화상을 세우고 신에게 기도하면서 온천 치료욕을 하였다고 한다. 3년에 한 번 소를 잡아 제사를 올렸다고도 한다. 천온은 67℃로 용출구 5개소가 알려져 있다. 온천수의 용출 수량도 많은 편이다.

온천수의 화학 성분(단위, mg/l)은 나트륨+칼륨 338.7, 칼슘 27.0, 탄산염 73.2, 염소 400, 황산염 163.2이다. 라돈과 황화수소가 산출되는 라돈-황천이다.

소화불량, 피부병, 신경통에 효능이 알려져 있다.

달천온천(達川溫泉)

위치 : 황해남도 심천군 달천리

천질 : 라돈천

온도 : 54℃

주요 성분 : Na^+, K^+, Ca^{2+}, Cl^-, SO_4^{2-}, HCO_3^-, Rn.

효능 : 신경통, 소화불량, 피부병 등

황해남도 심천군 달천리에 위치하여 황해선 기차 삼천 온천역에서 서북쪽 6km 지점에 위치하고 있다. 온천은 해발 81~279m의 야산으로 둘러싸여 있다. 다리가 부러진 종달새를 치료한 유래로 "종달이온천" 이라고 불려왔다. 천온은 54℃로 라돈 함량이 높은 라돈천이다.

온천수의 화학 성분(단위, mg/l)은 칼륨+나트륨 104.2, 칼슘 11.8, 탄산염 73.2, 염소 15.0, 황산염 139.2이다. 신경통, 소화불량, 피부병 치료에 이용되어왔다.

제3장 온천의 성인과 연구 방법론

3-1 온천수의 성인적 분류

온천수의 성인적 분류는 분류 기준에 따라 그 결과가 다양하게 나타날 수 있다. 온천수의 화학 성분에 기초한 분류, 지리적 분류, 지질학적 분류와 온천욕의 효능 면에서의 분류 등을 들 수 있다. 온천수의 용존 주요 화학 성분에 따라 단순온천, 황산염천, 산성천, 황천, 식염천, 함철천, 탄산수소염천, 방사능천 등으로 분류한다.

지열계에 관련된 온천수의 분류의 시작은 화이트(1957)에 의하여 화학 성분 특성에 따라 식염천, 산성황산염-염화물천, 중조천, 산성황산염천, 중탄산칼슘천 등으로 분류하였다. 그리고 마그마수, 화석수, 변성수를 추가하였다. 엘리스와 마혼(1977)은 알칼리성 염화물천, 산성황산염천, 염화물천, 중탄산염천으로 분류하였다. 그 후 트루스델(1984)은 지열수를 지하수, 염화물천, 염화물-중탄산염천, 증기 가열수, 산성황산염천, 산성황산염-염화물천, 중탄산염천, 희박염화물천 등으로 분류하였다. 이들은 모두 중요한 천질(화학 성분)에 착안하여 분류한 것이다. 그러나 나카무라(1962)는 지질 상황을 고려하여 제4기 화산성온천, 선제4기 화산성온천으로 분류하였으며 사토(1973)는 화산성 온천과 비화산성 온천으로 분류하였다. 동위원소 지구화학을 도입하여 마츠바야 외(1973)는 일본의 온천을 아리마형 온천(有馬型溫泉), 그린터프형 온천, 해안형 온천, 화산성 온천으로 분류하였다. 노다(1998)는 열수계의 기원수를 심부열수, 해수 관련 열수, 지열지역관련수, 화산성 열유체, 고온증기가열수, 저온증기가열수, 변질대관련수, 심층열수, 해수, 저온 변질해수, 천수(天水, 순환수)로 지질학적 상황을 고려하여 분류하였다. 김규한과 나카이노부유키(1981)는 남한의 온천수의 화학적, 지질학적, 동위원소 지구화학적 특성을 고려하여 백암형 온천, 온양형 온천, 해운대형 온천으로 분류하였다.

그리고 온천수에 용존하고 있는 주요 성분의 상호 양적 관계에 따라 산성온천, 산성광천, 중성온천, 중성광천, 알칼리성 온천, 알칼리성 광천 등으로 분류하기도 한다. 한편 의학적 요양천은 온천수의 주요 성분의 농도에 따라 단순온천, 황산염천, 산성천, 황천, 식염천, 함철천, 탄산수소염천, 방사능천 등으로 분류한다. 지열수계에서 기원수의 종류와 지화학적, 동위원소적 특성과 지질학적 존재 위치 등을 고려하여 심층열수, 해수 관련 열수, 화산성 열유체, 고온증기가열수, 저온증기가열수, 비화산성 온천수, 산성변질지하수, 변질지하수, 천수(순환수), 해수 등으로 분류하였다(노다, 1998). 그는 기원수의 판정 기준으로 pH, 용출 온도, 중요 화학 조성, 염소, 동위원소, 지질, 용존 물질 총량, 붕소/염소 비, 실리카, 등을 이용한 그림 3-1과 같은

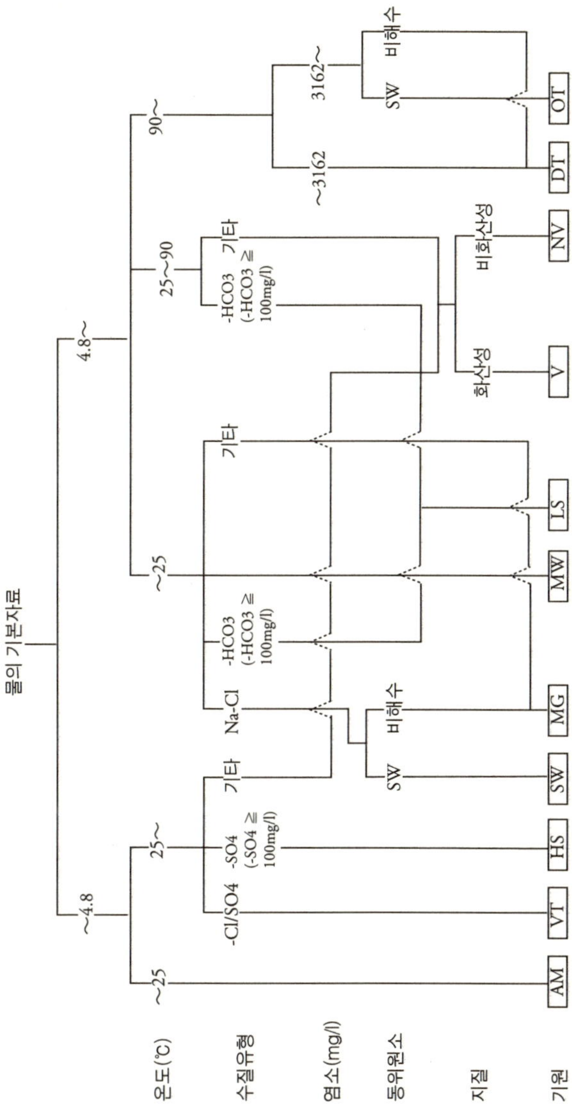

그림 3-1 화학적 특징에 의한 지열수(온천수)의 기원수의 분류(노다, 1998). DT: 뜨거운 심열수, OT: 뜨거운 해수관련 열수, VT: 화산성 열수, HS: 고온 증기수, LS: 저온 증기수, V: 화산성 온천수, NV: 비화산성 온천수, AM: 산성 변성 지하수, mg: 변성 지하수, MW: 순환수, SW: 해수

새로운 알고리즘으로 온천수와 지열수를 분류하였다. 온천 원수의 성인적 분류는 이처럼 학자들에 따라 또는 분류 기준에 따라 다양하게 분류되어왔다.

3-2 온천수의 수질 연구 방법

물을 이용할 때는 수온, 수량, 수질이 대단히 중요한 요소로 검토되어야 할 사항이다. 왜냐하면, 사용 목적에 따라 물의 특성이 맞아야 하기 때문이다. 보통 수질 분석을 위해서는 분석 화학적 지식과 생물학적 지식이 필요하다. 물속에는 각종 미생물, 세균 등이 존재하기 때문이다. 그리고 주변 지질 환경이 수질에 크게 영향을 준다. 화산 폭발, 황사 현상, 암석, 인간 활동 등이 온천수에 영향을 준다. 즉 지리적 위치, 지형 특성, 주변 환경에서 수권에 물질을 공급하여 온천 수질에 변화를 일으킨다. 온천수의 경우 온천 지역에 분포하는 암석과 온도, 지리적 위치, 온천수가 지하에서 얼마나 오랫동안 정체하는가에 따라 온천수의 수질에 큰 영향을 준다. 여기서는 이 같은 수질 분석 방법의 종류만 간단히 소개한다. 보통 현장에서 직접 측정요소와 실내에 시료를 가져와서 측정하는 방법이 있다. 현장 측정은 수소이온농도(pH), 산화-환원전위(Eh), 총고형물질(TDS), 전기 전도도(EC) 등이며 용존 양이온, 음이온 농도, 동위원소비 등은 실내에서 측정한다. 실내 측정은 주로 기기 분석법으로 이온 크로마토그래피(Ion chromatography), 유도프라스마분석기(ICP-AES), 유도프라스마질량분석기(ICP-MS), 원자흡광분광분석기(AAS), 질량분석기(mass spectrometer) 등을 사용한다. 질량분석기는 환경동위원소의 비를 측정할 때 이용된다. 예를 들면 물(H_2O)의 경우 수소는 D/H, 산소는 $^{18}O/^{16}O$비를 측정한다. 측정된 동위원소비로 상이한 기원의 물을 구별할 수 있어 물의 기원과 용존 물질의 기원 규명에 동위원소 분석법이 유용하게 활용되고 있다. 그리고 온천수에서 발산되는 가스는 가스 크로마토그래피(gas chromatography)를 이용하여 정성, 정량 분석을 하거나 질량분석기로 헬륨, 아르곤과 같은 영족기체 동위원소비도 분석한다. 중금속 양이온의 경우 원자흡광분광분석기(AAS)를 이용하여 분석한다. 온천수나 물의 연령을 측정하려면 방사성동위원소를 많이 이용되는데 최근에는 가속기 부착 질량분석기(AMS)가 유용하게 활용되고 있다. 가속기 질량분석기를 이용하면 ^{14}C 농도뿐만 아니라 ^{10}Be, ^{37}Cl 등의 동위원소비도 모니터링할 수 있다. 온천수의 수질 분석에 활용되고 있는 기본적이고 보편적인 현장 측정 내용이나 양이온과 음이온 등 용존이온 농도 측정 방법은 여기서는 생략하고 동위원소 분석법에 대하여 소개한다.

3-3 안정동위원소와 온천수의 기원

동위원소(同位元素, isotopes)는 화학 원소 중에 원자 번호는 같지만 중성자수가 다르기 때문에 질량수가 다른 원소를 말한다. 예를 들면 수소(H)는 ^1H, $^2H(D)$, ^3H의 3종류의 동위원소가 알려져 있다. 수소는 원자 번호 1이며 중성자수가 0, 1, 2인 3종류가 존재하여 질량이 1, 2, 3인 3종류의 동위원소가 존재한다. 마찬가지로 산소(O)

의 경우 ^{16}O, ^{17}O, ^{18}O의 3종류의 안정동위원소가 존재한다. 동위원소에는 안정동위원소(安定同位元素, stable isotopes)와 방사성 동위원소(放射性同位元素, radiogenic isotopes)가 있다. 안정동위원소는 핵종이 안정하여 반감기로 핵붕괴를 하지 않는 원소이다. 반면, 방사성 동위원소는 불안정한 핵종으로 반감기로 방사성 붕괴가 일어나는 핵종이다. 수소의 경우 ^{1}H, $^{2}H(D)$는 안정동위원소이지만 트리티움(^{3}H)은 방사성 동위원소이다. 산소는 ^{16}O, ^{17}O, ^{18}O 모두 안정동위원소이다. 산소와 수소 외에도 탄소(^{12}C, ^{13}C, ^{14}C), 황(^{32}S, ^{33}S, ^{34}S, ^{36}S), 질소(^{14}N, ^{15}N) 등의 환경동위원소가 온천수 연구에 활용되고 있다. 트리티움(Tr)과 탄소 ^{14}C는 방사성 동위원소이다. 일반적으로 안정동위원소는 지질학에서 물질의 기원, 생성 환경 해석 등에 많이 이용되고 방사성 동위원소는 절대연령 측정이나 트레이서(tracer)로서 많이 활용되고 있다. 동위원소는 질량분석기로 동위원소비(예, $^{18}O/^{16}O$, $^{13}C/^{12}C$, $^{34}S/^{32}S$, D/H, $^{15}N/^{14}N$, $^{37}Cl/^{36}Cl$ 등)를 분석하여 다음과 같이 천분율(‰)로 표시한다. $\delta=\left(\frac{R_{시료}}{R_{표준시료}}-1\right)\times1000(‰)$ 여기서 R은 $^{18}O/^{16}O$, $^{13}C/^{12}C$, D/H, $^{34}S/^{32}S$ 등이다. 표준시료는 산소, 수소의 경우 표준평균해수(SMOW), 탄소의 경우 벨렘나이트 화석으로 된 탄산염암(PDB), 황의 경우 철운석(CDT)를 사용한다. 동위원소 분석비는 $\delta^{18}O$, δD, $\delta^{32}S$, $\delta^{13}C$, $\delta^{15}N$, $\delta^{37}Cl$ 등의 수치값으로 표현된다. 예를 들면 미지의 물 시료의 산소동위원소비($\delta^{18}O$)가 −10 ‰이라면 표준 시료인 평균 해수의 값보다 가벼운 동위 원소가 상대적으로 더 많이 물에 포함되어 있다는 의미이다. 안정동위원소임에도 불구하고 자연계 물질은 각기 다른 동위원소비를 가지고 있다. 왜냐하면 물질의 본래의 기원 생성 조건, 생성 환경 등에 따라 동위

그림 3-2 동위원소 분석용 열이온화 질량분석 장치 (Thermal ionization mass spectrometer) (일본 나고야대학 지구환경과학부)

원소비가 달라질 수 있기 때문이다. 이것을 동위원소 효과라 부른다. 안정동위원소비는 화학적, 생물학적, 비가역적 과정 등에의 동위원소 분별(isotopic fractionation)이 일어난다. 동위원소 분별의 원인이 지질학적 여러 과정에 의하여 일어나기 때문에 동위원소비를 분석하여 과거 일어난 지질학적 여러 과정을 해석할 수 있게 된다. 물(H_2O)을 예를 들어 설명하면, 물은 $^1H_2{}^{16}O$, $^1H_2{}^{17}O$, $^1H_2{}^{18}O$, $HD^{16}O$, $HD^{17}O$, $HD^{18}O$, $D_2{}^{16}O$, $D_2{}^{17}O$, $D_2{}^{18}O$ 등 질량이 다른 여러 종류의 동위원소가 물 분자 속에 포함되어 있다. 때문에 위도가 다른 지역에 존재하는 제주도의 물($\delta^{18}O=-6‰$)과 서울의 물($\delta^{18}O=-8‰$)은 동위원소 값이 다르다. 또 고도에 따라서도 동위원소비가 다르다. 지구상의 대기의 순환 과정에 만들어진 많은 시료의 물의 산소와 수소동위원소 분석 결과 많은 물이 $\delta D=\delta^{18}O+10$의 직선상에 도시되어 이를 순환수선(meteoric water line)이라 부르고 있다. 만약 온천수의 동위원소 분석 결과가 이 직선상에 도시되면 온천수의 기원이 순환수 기원의 지하수에서 유래되었음을 알 수 있게 된다.

물론 마그마 기원이라든가 열수 기원의 물은 이 직선과 다른 위치에 도시된다. 만약 다른 어떤 지질학적 과정을 거친 물은 이 사실이 동위원소 값에 반영되어 나타난다. 온도가 높은 온천수는 많은 경우에 물-암석 상호 반응(water-rock interaction)에 의해 물과 암석 간에 동위원소 교환 평형이 일어나 암석에 포함되어 있던 동위원소가 온천수에 반영되어 산소편이(oxygen shift) 현상이 일어난다. 이 현상에서 물-암석 반응 비율을 정량적으로 해석할 수 있다. 산소와 수소 동위원소비는 물-암석 반응에 의해 동위원소비가 변화하지만 염소 동위원소는 변화하지 않기 때문에 판의 섭입대에 형성된 온천의 지하 정보를 얻는 데 유용하게 이용되고 있다. 일본 각지의 온천의 염소 동위원소비에 관한 연구(사타케 외, 2005)에 의하면 염소 동위원소비가 마그마수형 온천인 나가노시(長野市), 마츠다이온천(δ^{37}Cl=0.51~0.97‰), 그린터프형 온천으로 이시가와겐(石川縣) 가가지방(加賀地方)의 카다야마츠온천을 제외한 4개소의 온천(δ^{37}Cl=0.25~0.47‰), 화석해수형 온천인 와구라온천(和倉溫泉)(δ^{37}Cl=-1.6~−1.0‰)이 잘 구분되고 있다. 참고로 염수호의 염소 동위원소비는 δ^{37}Cl=−1.10~−0.27‰이며 맨틀 기원 염소는 δ^{37}Cl=4.2~7.0‰로 알려져 있다. 이처럼 염소 동위원소비는 온천수의 기원과 진화 과정을 밝히는 데 유용하게 사용될 수 있다. 이외에도 스트론튬(^{87}Sr/^{86}Sr), 탄소(^{13}C/^{12}C) 등의 동위원소비가 온천수에 용존하고 있는 원소들의 기원 연구에 유용하게 이용되고 있다. 스트론튬 동위원소비분석은 열이온 화질량분석기로 분석한다(그림 3-2 참고).

3-4 우리나라 온천수의 안정동위원소비

남한에 분포하고 있는 온천수와 온천 지역의 지하수의 산소, 수소, 황 안정동위원소 분석 연구가 국내에서 처음으로 김규한, 나카이 노부유키(1981)에 의해 수행되었다. 연구에 의하면 온천수의 산소와 수소 동위원소비는 각각 $\delta^{18}O$=−6.5∼−10.7‰, δD=−48.7∼−73.8‰이었으며 지하수는 각각 $\delta^{18}O$=−5.5∼−10.1‰, δD=−39.5∼−70.7‰이었다. 각 온천 지역의 온천수와 지하수의 동위원소 값이 대단히 유사하였다. 또 각 온천의 온천수의 동위원소비는 모두 순환수선에 도시되어 온천수의 기원이 순환수 기원임이 밝혀졌다(그림 3-3 참고). 또한 특이하게도 보편적으로 일어나고 있는 산소편이 현상이 나타나지 않아 온천수의 수온이 일본이나 미국의 온천보다 낮고 온천수가 지하 대수층에서 정체하는 시간이 짧기 때문에 물-암석반응(water-rock interaction)이 크게 진행되고 있지 못하다는 사실도 알게 되었다. 더욱이 온천 지역의 지하수가 온천수보다 더 무거운 동위원소가 부화되어 있는 산소 편이 현상의 반대 현상이 나타나 온천수를 만든 지하수가 온천수계로 유입된 위도와 지형이 각 지역의 현재 온천 위치보다 더 북쪽에서, 더 높은 지역이었음이 알려지게 되었다.

온천수에 용존하고 있는 황산염(SO_4^{2})이온의 황동위원소비($\delta^{34}S$)

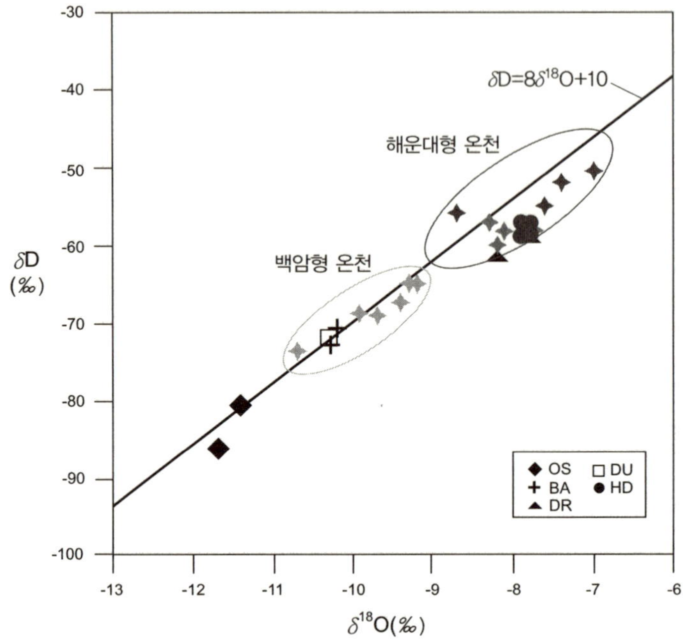

그림 3-3 한반도에 분포하고 있는 온천수의 안정동위원소비 (김규한, 나카이노부유키, 1981)

분석에서 황의 기원이 해석되었다. 예를 들면 해운대온천의 황동위원소비는 +20.3‰로 해수의 황동위원소비 +20‰과 대단히 유사하여 해운대 온천수의 황의 기원이 동해 바다의 해수 기원의 황산염에서 유래하였음이 밝혀졌다. 또한 백암온천, 온양온천, 이천온천 등의 온천수의 황산염이온의 황동위원소비는 +5～+7‰로 한반도에 분포하고 있는 마그마 기원의 광상의 황화광물의 황동위원소비($\delta^{34}S$=+2.0～+7.0‰)와 유사하였다(그림 3-4 참고).

한강 하천수에 용존하고 있는 SO_4^{2-}이온의 황동위원소비가 +3.3～+7.1‰(미즈타니외, 1980)로 한강 상류에 분포하고 있는 많은 금속광상의 황화광물의 값과 유사하여 이들 황은 광상기원의 황화광물

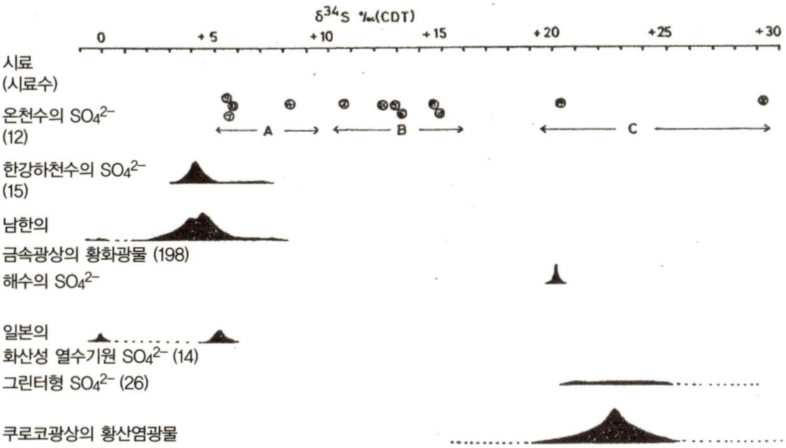

그림 3-4 남한의 온천수에 용존하고 있는 황산염 이온의 황의 기원(김규한, 나카이노부유키, 1981). 황동위원소비가 20퍼밀인 해운대온천은 해수 기원의 황이며 5퍼밀 전후의 온천은 화성기원의 황화광물 기원의 황이다.

의 산화에 의해 하천수에 유입된 것임이 밝혀졌다. 산소, 수소, 황 동위원소뿐만 아니라 앞에서 설명한 염소(Cl)나 스트론튬(Sr) 동위원소비도 온천수의 트레이서로서 유용하므로 우리나라 온천수에 대하여 금후 이 분야의 연구가 기대된다.

3-5 물-암석 상호 반응과 온천수의 성분

온천수의 용존 화학 성분은 온천수를 만든 기원수의 화학 성분과 온천수 저류층에서 물-암석 상호 반응에 따라 온천수의 화학 성분이 결정된다. 온천 저류층에서 상이한 기원의 물로 화학적으로 상이한 물의 혼합에 의하여서도 온천수의 화학 성분은 변화하게 된다.

온천 지역이나 지열 지역에서는 지하 고온에서 저류층을 이루고 있는 암석과 그곳에 부존하고 있는 유체가 화학적으로 서로 반응한다. 이때 암석을 구성하고 있는 조암광물이 분해되어 새로운 광물을 만든다. 이런 과정을 열수변질(熱水變質, hydrothermal alteration)이라 부른다. 열수변질 작용은 암석과 열수의 화학적 성질, 반응시의 온도, 물의 양, 열수 지역의 규모 등과 밀접한 관계가 있다. 물-암석 반응과 열수 변질 과정에 용출된 이온들이 온천수에 화학 성분을 특성화시킨다. 열수 변질 작용은 온천수의 천질에 영향을 줄 뿐만 아니라 지하수, 지열 지역, 광상학, 지하 심부에 방사성 폐기물 처리 시설 등에도 대단히 중요하다. 열수 변질 현상을 정량적으로 해석하는 실험연구가 많이 진행되었다. 평형론적 지화학 수치 시뮬레이션 방법으로 물-암석 상호 반응을 수치 시뮬레이션하여 자연 현상에 적용, 해석을 시도하고 있다. 현재 개발 사용하고 있는 프로그램이 EQ6, SOLMNEQ, WATEQ, PHREEQE, PECS 등이 있다. 우리나라의 경우 많은 온천의 모암이 화강암과 관련되어 있으므로 화강암에 대한 수치 시뮬레이션의 실례를 간단히 소개한다. 150℃에서 스웨덴 핀스존의 화강암과 그 지역의 지하수의 반응을 통해 수치 시뮬레이션을 실시하였다(다케노, 1988). 열수 반응은 먼저 지하수를 150℃까지 온도를 높인 후 포화에 이른 방해석을 먼저 침전시키고 이어서 동일한 온도에서 화강암과 반응시켰다. 화강암과 반응하는 동안에 열수는 실리카에 포화되지만 석영 정출을 고려하지 않고 과포화 상태로 계속 용해반응을 진행시켰다. 이때 석영의 포화도는 최대값이 1.4였다. 그림 3-5에서처럼 용해 광물의 용해 속도를 시간함수로 표시하고 정출광물 종류를 표기하였다.

시간이 260년 정도 걸려 알바이트(albite)가 포화에 이르고 아놀

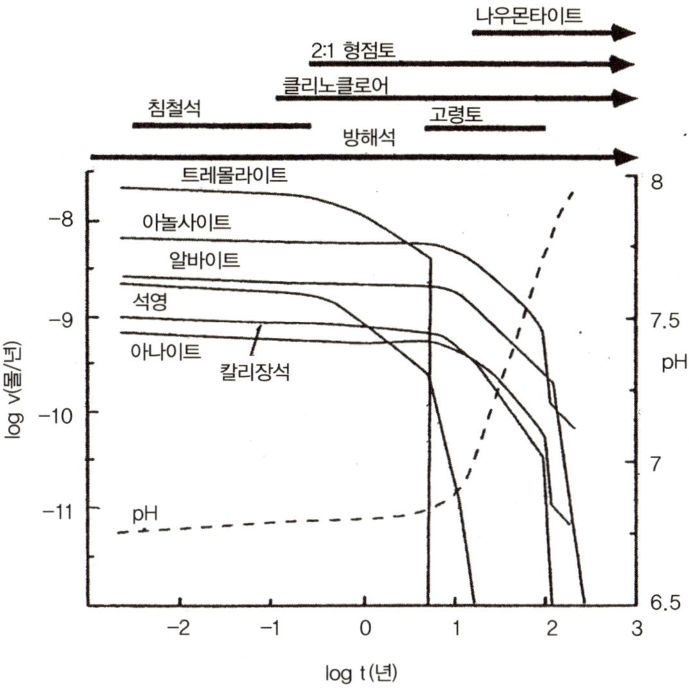

그림 3-5 용해 키네틱스를 고려한 150℃에서 화강암과 지하수의 반응의 수치 시뮬레이션 (Madé, 1991). 가로 축은 년수, 세로축은 용해 속도. 화살표시는 정출 광물, 실선은 화강암에 초생적으로 포함되어 있는 광물의 용해속도.

사이트(anorthite)와 아나이트(annite)는 계속 용해가 계속되며 평형에 가까워져 열수가 안정 상태에 도달하게 된다. 이 연구의 열수-암석 반응에서 광물의 안정성과 원소의 이동 해석이 시도되었다(다케노, 1988). 국내에서도 온천수의 열수변질연구로 아산온천(구 온양온천), 덕산온천, 포천 지구 및 속초 지구와 같이 쥐라기 대보화강암류 지역에 주로 분포하는 온천수를 PAAS(Post-Archean Australian shale)로 표준화하였을 경우 경희토류 원소가 결핍되어 있고, 중희토류는 편평한 분포양상을 보여주었으며, Eu의 부(−)이상이 나타나거나 거의 나타나지 않는 특성이 얻어졌다(이승구 외, 2005). 반면에 옥천대 이남에 분포하는 백암, 부곡, 마금산, 동래, 해운대, 포항 지구의 온천수들은 전반적으로 편평한 분포특성을 보여주고 있었다. 그리고 대체적으로 유로피움(Eu)과 세륨(Ce)의 강한 정(+)의 이상을 보여주고 있다. 이와 같은 희토류원소의 분포도 및 유로피움과 세륨의 이상은 온천수와 대수층 구성암석인 화강암과의 반응에 따른 결과로 해석하였다.

안정동위원소 연구가 진행되면서 동위원소비 분석을 통하여 물-암석 반응의 정량화 연구가 활발히 이루어졌다. 예를 들면, 화강암 지역의 암석의 산소 동위원소비는 지하수에 의하여 열수 변질을 받았을 경우 암석의 산소 동위원소비가 변질을 받지 않은 신선한 암석에 비하여 가벼운 산소 동원소가 부화되어 산소 동위원소비 값이 작아지는 현상이 많은 지역에서 조사되었다. 열수 변질 증거로 광상학에서도 열수 변질대 탐사에 응용되고 있다. 물-암석의 반응에 의한 열수 변질시 물/암석의 비가 작고 암석의 산소 동위원소비가 지배적인 시스템에서는 유체의 동위원소비가 변화하고 반대로 물/암석의 비가 크고 물의 산소 동위원소비가 지배적인 시스템에서는 암석의 산소 동위원소비가 변화한다. 이 현상에서 산소동위원소비의 질량 평형을 이용한 다음 식에서 물/암석의 비를 계산할 수 있다. 폐쇄계에서는 물과 암석의 비 $W/R_{\text{폐쇄계}} = (\delta^{18}O_{\text{반응후암석}} - \delta^{18}O_{\text{반응전암석}})/(\delta^{18}O_{\text{반응전유체}} - \delta^{18}O_{\text{반응후유체}})$ 식에서 물/암석의 비가 계산되고 개방계에서는 $W/R_{\text{개방계}} = \ln(W/R_{\text{폐쇄계}} + 1)$식에서 계산할 수 있다. 이처럼 온천 지역에서 온천수의 동위원소비를 분석하면 온천 지역의 지하에서 일어난 물-암석 반응시 물/암석의 비를 정량화할 수 있다. 이외에도 동위원소지질온도계(同位元素地質溫度計, isotope geothermometer)를 이용하여 온천수가 만들어지는 온천 지역 지하 저류층의 온도를 알아낼 수 있다. 산소, 수소, 황, 질소, 탄소, 염소 등의 안정동위원소비를 이용하여 이들 원소를 포함한 온천수에 용존하고 있는 원소들의 기원, 온천수의 이동, 온천수와 기타 기원의 물의 혼합 등을 규명할 수 있다.

3-6 온천수의 지하 저장소의 온도 산출법

온천 지역의 지하 수백 미터 또는 수천 미터 이상의 심부에서 온천수나 열수가 지표로 용출된다.

온천수나 지열수가 지표에 도달하는 동안 식기 때문에 지표 용출구에서의 온도는 지하 저장소에서보다 낮을 수밖에 없다. 그러나 온천이나 지열 지역의 지하 저장소의 온도를 측정(추정)할 수 있는 방법이 개발되어 있다. 온천수에 용존하고 있는 화학 성분의 조성비나 농도를 이용하여 지하 저장소의 온도를 추정하는 아래와 같은 여러 지화학 온도계(geothermometer, geoindicator)가 알려져 있다. 현재 사용되고 있는 대표적인 지화학 온도계는 D'amore and Panichi(1987)와 Arnorsson et al.(1982) 등이 개발한 실리카 온도계와 D'amore and Panichi(1987), Arnorsson et al. (1982), 모테노(1983) 등이 개발한 알칼리비 온도계(cation geothermomer)가 있다. 이 두 지화학 온도계에 대해 좀 더 구체적으로 소개한다(다카하시, 1991).

(1) 실리카 지질온도계

아이슬랜드 각 지역의 지열정에서 얻어진 지화학 자료와 Arnorsson et al.(1982, 1983)의 실험 결과에서 다음과 같은 경험적인 실리카 지질 온도계(silica geothermometer)가 얻어졌다.

① 석영 지질온도계

석영을 이용한 지질온도계(quartz geothermometer)는 다음 식과 같다.

$1164/(4.90-\log SiO_2)-273.15$(180~300℃에서 유용)

$1498/(5.70-\log SiO_2)-273.15$(180~300℃에서 유용)

② 칼세도니 지질 온도계

칼세도니 광물을 이용한 지질온도계(chalcedony geothermometer)는 다음 식과 같다.

$1112/(4.91-\log SiO_2)-273.15$(25~180℃)

$1264/(5.31-\log SiO_2)-273.15$(100~180℃), 여기서 SiO_2의 농도 단위는 mg/kg이다.

③ 열역학 계산값에 근거한 칼세도니 지질온도계

$1101/(0.11-\log Si_4SiO_40)-273.15$ (25~180℃)

300℃ 이상의 온도에서는 유체압에 따라 실리카(SiO_2)의 용해도가 현저히 달라지므로 실리카의 농도와 온도, 유체압과의 관계를 고려한 온도계가 제안되어 있다. 그리고 실리카의 용해도는 300℃ 이하에서는 온천수에 용존하고 있는 염농도(NaCl)에 큰 영향을 받지 않으나 300℃ 이상에서는 크게 영향받기 때문에 주의를 할 필요가 있다. 그리고 염농도뿐만 아니라 Na_2SO_4, $MgCl_2$, $MgSO_4$ 등에도

SiO_2의 용해도가 크게 영향을 받으므로 해운대온천과 같은 해수형 온천수나 위의 성분들이 다량 함유된 지열 유체의 경우에는 온도계를 적용할 때 주의할 필요가 있다.

(2) 알칼리비 지질온도계

여러 연구자들이 개발한 알칼리비 지질온도계(cation geothermometer)를 포함하여 다양한 지화학 온도계가 알려져 있다(표 3-1 참고).

아이슬랜드 여러 지역의 지열정 자료와 열역학 실험 자료를 이용하여 다음과 같은 알칼리비 지화학 지질온도계가 보고되어 있다.

log(Na/K)=-0.692+908/T

log(Na/Rb)=1,318+1272/T

log(Na/Li)=0.161+1201/T 이때 사용된 단위는 mg/kg이고 T는 절대온도이다.

이외에도 다양한 화학종에 대하여 지질온도계가 만들어져 사용되고 있다.

그리고 표 3-1에서처럼 뉴질랜드 지열 지대의 화학 성분과 광물-용액간의 평형을 이용하여 다음과 같은 알칼리비 온도계가 개발되어 있다.

L(KN)=log(K/Na)=1.75-1390/T

L(KM)=log(K2/Mg)=14.0-4410/T 이때 사용된 단위는 mg/kg이고 T는 절대온도이다.

그러나 지화학 지질온도계는 광물-용액-가스 간에 평형을 가정한 것이므로 실제 자연계에 다양한 광물 간에 평형에 있었는지 확인하

표 3-1 알칼리비 지화학 지질온도계 (다카하시, 1991) (농도의 단위는 mg/kg임)

Na/K=855.6/(log(Na/K)+0.8573)-273.15 (Truesdell, 1976)
Na/K=883/(log(Na/K)+0.780)-273.15 (Tonani, 1980)
Na/K=993/(log(Na/K)+0.993)-273.15 25-250℃ (Arnorsson et al., 1983)
Na/K=1319/(log(Na/K)+1.699)-273.15 250-350℃ (Arnorsson et al., 1983)
Na/K=1217/(log(Na/K)+1.483)-273.15 (Fournier, 1979)
Na/K=1178/(log(Na/K)+1.470)-273.15 (Nie4va, 1987)
Na/K=1390/(log(Na/K)+1.750)-273.15 (Giggenbach, 1988)
K-Mg=4410/(14.0-log(K2/Mg))-273.15 (Giggenbach, 1988)

기 쉽지 않다. 이론적으로 열역학적으로 평형에 있었다고 가정하고 만들어진 것이며 각 광물은 순수한 성분으로 되어 있다는 가정에서 만들어진 것이다. 다양한 온천수와 지열수에서 80~180℃ 온도의 저장소에서는 광물과 열수가 평형에 있지만 지표에 가까운 환경에서 이산화탄소(CO_2)의 탈가스나 단시간의 희석 작용, pH의 영향 등으로 평형에 도달하지 못하거나 불확실한 경우가 많다. 실제 자연계의 광물은 순수한 화학 성분으로 되어 있지 않은 경우도 많다. 즉 불순한 성분으로 되어 있다는 점이다. 그리고 열역학적인 자료도 제한적으로 존재하고 있는 점이 지화학 지질온도계에서 대두되는 문제점들이다.

3-7 온천수와 지하수의 연대 측정

온천수, 지하수, 빙하, 해수 등의 연대 측정에 이용되는 방사성 동위원소는 ^{14}C, ^{39}Ar, ^{3}H, ^{3}He, ^{210}Pb, ^{81}Kr, ^{32}Si 등이 이용되고 있다. 이들 동위원소는 반감기가 짧기 때문에 주로 1만 년 내외의 젊은 시료가 측정 대상이 된다. 온천수나 지하수는 대기 중의 수증기가 응축하여 지표에 떨어져 지표의 지표수, 지하수, 해수, 호수, 설빙 등으로 지표 환경에서 순환하게 된다. 따라서 이들의 연령은 대기권에서 지표에 낙하한 시점이 된다. 온천수의 연령은 이들이 지표에서 지하 지하수계나 열수계에 유입된 초기의 연령이 된다. 대기 상층권에서 이들이 우주선 조사를 받아 생성된 방사성 핵종이 지표까지 도달하게 되며 지표에 도달한 후에는 우주선 조사에 의한 방사성 핵종은 생성되지 않는다. 이때부터 우주선 생성 방사성 핵종이 반감기로 붕괴하기 시작한다. 초기에 존재하던 핵종이 반감기로 얼만큼 감소하였는지 그 비율을 측정하면 지하수나 온천수의 연대가 얻어진다. 여러 측정 핵종 중에 여기서는 탄소(^{14}C) 연대측정법을 소개한다. ^{14}C은 대기 상층권에 존재하고 있는 질소(^{14}N)에 우주선이 조사되면 ^{14}C가 생성되며 대기 중의 산소와 반응 이산화탄소($^{14}CO_2$)가 만들어진다. 물론 분자의 형태로는 구별은 안 되지만 여기에는 안정동위원소 기원인 $^{12}CO_2$와 $^{13}CO_2$도 혼합되어 있다. 대기 중의 $^{14}CO_2$는 생물권이나 수권에 존재하는 탄소(C)와 평형 상태에 있다가 이들의 평형이 깨지면(생물의 경우 죽으면) 대기 기원의 $^{14}CO_2$와는 고립되고 이때부터 탄소는 시간이 지남에 따라 반감기로 붕괴하여 ^{14}C의 양이 반씩반씩 감소되어간다. 연령을 측정하고자 하는 시료 중의 ^{14}C의 양을 측정하여 원래 존재하였던 ^{14}C 양과 비교하여 얼마나 감소했는지를 알면 다음 식에서 연대가 얻어진다.

$N = No\ exp(-\lambda t)$ 여기서 λ는 붕괴상수이다. ^{14}C의 반감기는 5730

±30년이다. 반감기를 고려하면 연령 t=−8033ln(N/N_o) 식에서 연령이 계산된다. 여기서 N, N_o는 ^{14}C동위원소 계수로 방사능 측정에서는 측정 시료의 단위 시료 중량당 방사능의 강도를 가속기 질량분석장치(accererator mass spectrometer, AMS)를 이용하여 측정한다(그림 3-6 참고). 측정된 연령은 젊기 때문에 1950년을 기준년도로 하여 YBP(before present)로 표시한다.

AMS로 측정하고자 할 때는 먼저 시료를 흑연(graphite)화한 후 시료 타게트를 제작하여 사용한다. 따라서 온천수나 지하수와 같은 물 시료에 대하여서는 시료 50~300ml에 염화스트론튬($SrCl_2$)을 첨가해 탄산스트론튬($SrCO_3$)을 침전시킨다. 그 다음 탄산스트론튬과 100% 인산을 반응시켜 CO_2를 만들고 다음 철 촉매에 의한 수소환원으로 흑연화시킨다. 그러나 온천수, 지하수, 해수 등에 포함되어 있는 탄소는 주변에 분포하는 석회암이나 육상퇴적물 중의 연대가 오래된 탄소의 혼입 영향이 있을 수 있어 이 방법으로 연대 측정은 대단히 어렵다. 즉 대상 시료의 초기 ^{14}C 농도의 자료가 충분히 검토되어야 한다.

3중수소(트리티움)에 의한 지하수의 연대측정: 3중수소(Tritium, ^3H)는 자연 및 인공적으로 발생하며 자연에서는 상층대기권에서 우주선에 의한 $^{14}N(n, ^{12}C)^3H$의 핵반응에 의해 약 0.25원자/cm^2/초 비율로 생성되거나 태양에서 직접 날라와 대기중에 계속 공급되고 있다. 대기중에 공급되어진 3중수소는 급속히 산화되어 강우로 HTO로서 지표에 도달 지표수, 지하수, 해수가 되어 지표부근의 물의 순환에 가담하게 되어 과거 20년간의 대기중에 존재한 물에 대하여 유용한 추적자(tracer)가 되어 왔다. 트리티움(^3H)의 농도

그림 3-6 온천수의 화학 성분을 분석하는 분석기기 ICP-AES와 이온 크로마토그래피(IC)(이화여자대학교 지구과학 실험실)(위의 사진과 중간 사진). 온천수 연대측정에 사용되는 가속기 질량분석 장치(AMS)(아래의 사진).

는 $^{3}H/^{1}H$의 원자비가 1×10^{-18} 존재하는 경우를 단위로 표현하여 1T.U.라 부르고 있다. 자연상태의 지표수에서 트리티움의 농도는 1~10T.U.이며 표면해수는 0.1~0.3T.U.이다. 강수에 의해 공급된 지표수나 지하수의 ^{3}H 농도는 12.26년을 반감기로 붕괴해 강수로서 공급되어진 연대 t로부터 $e^{-\lambda t}$에 비례하여 감소한다. 그러나 1953~1962년 사이에 핵실험결과 인공적으로 생긴 트리티움(^{3}H)이 대기중에 공급되어 대기와 천년수의 트리티움 농도는 10~1000배에 달했다. 소량은 현재 산업용 원자로에서도 계속 방출되고 있다.

대기중의 3중수소 경시변화: 온대지방의 대륙의 순환수 중에서는 우주방사선에 의해 약 10T.U. 정도의 트리티움이 생성된다. 이 값은 1953년 이전 북반구의 강수에서 측정된 값이다. 1953년 이후 핵실험결과 강수중의 트리티움 함유량은 증가하였으며 1961~1962의 대규모 핵실험결과 1963년 북반구에서는 10,000T.U.에 달했다. 그후 핵실험금지로 1968년까지는 계속 감소했으며 1968년 이후 거의 정지상태에 이르렀다. 핵폭발에 의한 3중수소는 대부분 성층권에 축적되어 있어 그의 약 반은 매년 봄과 여름에 대류권으로 이동되어 여름철의 강수에 최대가 되고 겨울철에는 최소인 계절적 변화가 나타났다. 지역적인 차이도 커서 내륙지역에 비해 해빈 및 연안지역에서는 낮다. 그 이유는 해양에서는 대기중에 수증기가 삼중수소의 함류량이 적은 해수와 동위원소교환이 일어나 HTO가 흘러들어오기 때문이다. 이에 대해서 열대 및 남반구에서는 3중수소의 농도가 낮다. 대부분 3중수소는 북반구에서 방출되어 주로 고위도 지역의 성층권에서 대류권으로 이동하며 남반구의 해면이나 증기압이 높은 열대에서는 씻겨내려가 기타지역에서 보다 희석이 많이 일어난다.

온천수나 지하수중의 3중수소: 강수의 3중수소함유량은 지하수계에 보태어져 온천수나 지하수의 3중수소 추정에 이용된다. 식생이 있는 지역의 강수는 생육기에 증산에 의해서 3중수소가 대기중으로 되돌아 간다. 반건조지역에서는 강수가 아주 작고 지하로 침투하기 전에 지표에서 증발된다. 지하수연구에 3중수소를 측정하면 지하수계의 물의 함양시기의 정보가 얻어진다. 1972년 북반구 대륙에서 지하수계에서 물이 혼합되지 않았다면 다음과 같은 지하수의 연대의 정보가 얻어진다.

① 지하수 시료 중에 트리티움 농도가 3T.U. 이하일 경우: 20년보다 젊은 물은 존재하지 않음을 의미한다. 즉, 온천수와 지하수가 함양지역에서 시료취지 지점도달하는데 20년 이상 시간이 걸렸음을 의미한다.

② 지하수 시료 중 3중수소함유량이 2~20T.U.일 때: 소량의 핵실험에 의한 3중수소가 존재하고 최초의 핵심험(1954~1961)의 영향을 받은 것으로 해석된다.

③ 지하수 시료 중 3중수소는 함유량이 20T.U. 이상이 경우: 3중수소의 함유량이 많은 물은 분명히 최근의 것이다. 년간을 통해서 변동이 있으며 이것은 함양지역의 강수의 변동에 관계되며 지하수로 유입이 빠르게 일어났음을 의미한다. 그리고 지하수의 이동에 걸린 시간은 년간의 3중수소 농도의 피크의 이동거리에서 구할 수 있다. 3중수소함유량이 20~200T.U.로서 변동이 별로 없으면 온천수나 지하수의 대수층중에서 젊은 물이 오래된 물과 충분히 혼

합되어 있음을 의미한다. 그러나 지하수의 저류층이 두터우면 함양시에 나타나는 이같은 변동이 거의 나타나지 않게 된다. 이와같은 지하수계는 지수함수적인 유출을 나타내는 “완전혼합 저류층”으로 취급할 수가 있어 지하수 계내의 평균 지하수의 채류시간(residencetime)을 추정할 수가 있다.

3-8 온천 가스의 헬륨-아르곤 영족기체 동위원소

영족기체(noble gas)란 헬륨(He), 네온(Ne), 아르곤(Ar), 크립톤(Kr), 키세논(Xe) 등을 말한다(표 3-2 참고). 영족기체의 동위원소는 지구 내부 물질의 상태나 진화를 연구하는 중요 수단으로 이용되고 있다. 왜냐하면 화학적으로 비활성이기 때문에 동위원소비 변화를 검토할 때 화학적 반응과 무관하여 물리적 과정만 고려하여도 되며, 지구 내부에 이들 원소의 존재도가 낮기 때문에 물리적 과정을 통하여 일어나는 동위원소 변동비가 크다. 또 가벼운 원소로 지구 내부에서 이들 원소들의 확산 속도가 큰 장점이 있다. 영족기체는 화학적으

표 3-2 영족기체의 동위원소의 종류

원소	동위원소
He(헬륨)	^{3}He ^{4}He
Ne(네온)	^{20}Ne ^{21}Ne ^{22}Ne
Ar(아르곤)	^{36}Ar (^{37}Ar) ^{38}Ar (^{39}Ar) ^{40}Ar
K(크립톤)	^{78}Kr ^{80}Kr (^{81}Kr) ^{82}Kr ^{83}Kr ^{84}Kr ^{86}Kr
Xe(키세논)	^{124}Xe ^{126}Xe ^{128}Xe ^{129}Xe ^{130}Xe ^{131}Xe ^{132}Xe ^{134}Xe ^{136}Xe

그림 3-7 일본 도쿄대학 지각화학 실험 시설 내에 설치된 영족기체 동위원소 분석용 질량 분석 장치.

로 비활성이므로 지구 심부에서 지표로 이동되는 과정에 물질과 반응하여 변화하지 않으므로 지구 심부-지각의 대규모 물질 순환의 추적자(tracer)로서 대단히 유용하다. 최근 초고진공기술과 질량 분석기술이 발달하여 정도 높게 이들 원소의 동위원소비 분석이 가능하여져 운석이나 맨틀 물질의 중요한 정보를 얻게 되었다. 그림 3-7은 일본 동경대학 지각화학 실험실의 영족기체 동위원소 분석용 질량 분석 연구 시설이다. 앞에 설명한 안정동위원소는 주변의 물질과 화학적 반응을 하지만 영족기체는 주변 암석과 반응하지 않으므로 지구 내부의 정보를 그대로 가지고 있다. 암석학에서 많이 이용하고 있는 고체원소 트레이서인 Nd, Sr, Pb, Hf, Os, Li 등의 원소에 비해 확산 속도가 크기 때문에 맨틀 내에서 균질화되기도 쉽다. 그런데

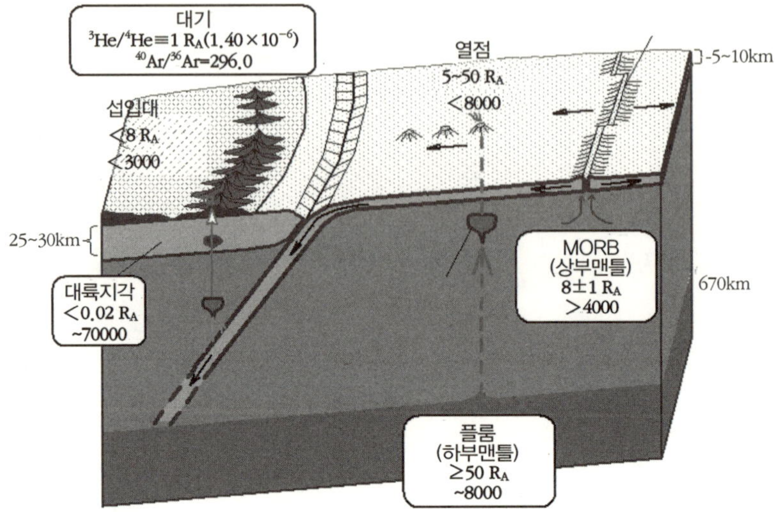

그림 3-8 지구의 각 저장소의 헬륨과 아르곤($^3He/^4He$ $^{40}Ar/^{36}Ar$) 동위원소 조성(Sumino et al., 2005)

헬륨, 아르곤처럼 가볍고 이동도가 큰 영족기체 동위원소비는 지구의 지구조 세팅(tectonic setting)에 따라서 지구 내부에 대규모로 불균질하게 존재하고 있음이 알려지게 되었다(그림 3-8 참고). 때문에 이들 원소들이 트레이서로 사용할 수가 있게 되어 최근 이들을 이용한 연구가 활발히 이루어지고 있다. 예를 들면 중앙해령현무암(MORB)은 헬륨동위원소비($^3He/^4He$)가 $8\pm1R_A$($1R_A=1.40\times10^{-6}$: 대기 중의 헬륨동위원소비)로 대단히 균일한 값을 가진다. 중앙해령현무암(MORB)의 $^{40}Ar/^{36}Ar$ 동위원소비는 40000 이상이다. 지구 심부맨틀 플룸 기원(plume source)의 $^3He/^4He=50R_A$이상, $^{40}Ar/^{36}Ar$비 8000 정도, 열점(hot spot)이나 해양섬 현무암(oceanic island basalt, OIB)($^3He/^4He$)은 $5\sim50R_A$, $^{40}Ar/^{36}Ar$비 8000 이하 등으로 알려져 있다. ^4He은 U, Th의 방사성 붕괴에 의하여 연대와 함께 지구 내부에

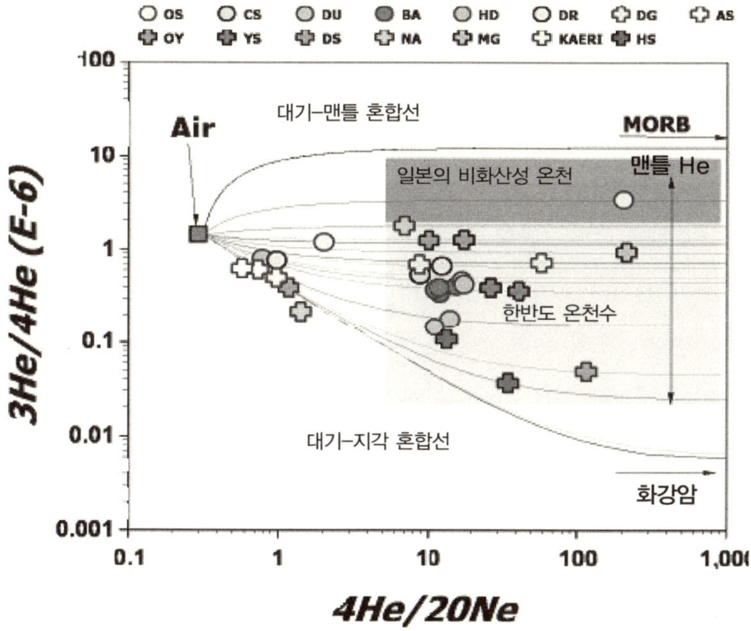

그림 3-9 한반도 온천수의 온천 가스의 헬륨 영족기체 동위원소 조성(Park et al., 2004).

점차 축적되어진다. 반면에 ^{3}He은 지구 형성시부터 지구 내부에 존재하던 것이 잔존하고 있다. 때문에 MORB, OIB 등에서 대기의 ^{3}He/^{4}He 값보다 큰 값을 가지는 것은 지구 심부의 시원적인 ^{3}He이 존재하고 있음을 의미한다. 그러나 판의 섭입대나 대륙 지각에서는 U, Th, K 등의 원소에 의해 만들어진 ^{4}He과 ^{40}Ar이 지질시대와 함께 점점 축적되어 ^{3}He/^{4}He 동위원소비가 작고 ^{40}Ar/^{36}Ar비가 커지게 된다(그림 3-8 참고). 이 같은 동위원소의 정보는 온천 지역의 온천 가스에 포함된 영족기체 동위원소비에도 그대로 반영되어 나타난다.

일본의 화산성 온천수나 온천 가스에는 지구 심부 맨틀 기원의 헬륨이 다수 산출되고 있다(그림 3-9 참고). 온천 지역에 온천수의 기원 규명시에 온천 가스의 기원을 조사하면 온천수의 유래와 온천 형성 과정의 정보를 얻을 수 있다. 최근 국내 온천수와 온천 가스에 대한 영족기체 동위원소 분석 연구가 수행되어 비화산성인 남한의 온천수의 기원에 대한 맨틀 기원 헬륨 존재의 새로운 정보가 얻어지고 있다. 예를 들면, 남한의 온천수의 헬륨 동위원소비($^3He/^4He$)는 $0.04\times10^{-6}\sim3.3\times10^{-6}cm^3STP/g$로 넓은 범위를 나타내고 있다. 우리나라 온천수와 온천 가스는 대부분 지구 대기보다 작은 값을 가지고 있어 지각에서 U, Th, K 등에서부터 만들어진 ^4He가 온천수에 많이 유입되었음을 보여주고 있다. 그러나 지구대기-맨틀-지각의 3단 성분을 고려한 모델 계산에서 많은 온천수에 지구 심부 맨틀 기원의 헬륨(^3He)이 존재하고 있음이 밝혀지게 되었다. 또한 지각 기원의 헬륨(^4He) 역시 온천수에 다수 혼입되어 있는 사실도 확인되어 지금까지 알 수 없었던 새로운 연구 정보가 국내에서 처음으로 보고되었다. 한편 아르곤 동위원소비는 오색온천($^{40}Ar/^{36}Ar=309.5$)을 제외하고는 모두 지구 대기 값과 유사하여 온천수에 지표 대기 기원의 아르곤이 온천수에 유입되어 있음을 나타내었다.

오색온천에서 국내에서 유일하게 지구 심부 기원의 아르곤이 산출되고 있는 점은 지질학적으로도 대단히 흥미 있는 사실로 금후 계속적인 연구가 요구되고 있다.

제4장 온천의 수질 평가와 온천의 관리

4-1 수질 평가 방법

물은 우리 생활에 음용 식수, 농업 용수, 공업 용수 등 다양하게 이용되고 있다. 상수원에서 공급되는 수돗물 역시 음용수, 세척수, 정화수 등 인간 생활의 사용 목적에 따라 수질 기준이 다를 수밖에 없다. 음용요법으로 사용되는 온천수와 목욕을 위한 온천수의 중요 수질 기준이 되는 것은 물에 용존하고 있는 화학 성분을 포함한 각종 성분들이다. 생물학적 산소 소비량(BOD, biological oxygen demand), 총유기탄소(TOC, total organic carbon), 화학적 산소 소비량(COD, chemical oxygen demand), 총고형물질(TDS, total dissolved solids), 전기전도도(specific conductance), 알칼리도(alkalinity), 산성도(acidity), 용존산소(DO), 탁도(turbidity), 경도(hardness), 온도, 유해성 미량 금속, 유기화합물과 미생물의 존재 유무 등이 수질 평가의 주요 대상이 된다. 온천수와 탄산약수의 경우 음용 요법으로 이용될 때에는 특히 유해성 미량 금속이나 유해성 유기화합물의 존재량이 엄밀히 조사 검토되어야 한다.

수질 평가 기준 항목의 내용을 좀더 구체적으로 설명하면 다음과 같다.

- 화학적 산소소비량(COD): 강한 산화제와 반응할 물속의 유기물질의 총량을 말한다.
- 생물학적 산소소비량(BOD): 산화제를 물에 첨가하였을 때 물속에 있는 유기물질이 산화에 의해 단위 시료수 체적당 소비된 산소의 양이다.
- 총고형물질(TDS): 증발 후 잔유물의 양으로 완전 분석시 용존 이온 농도와 분자들의 총합으로 전기 전도도와도 관련이 있다.
- 총유기탄소(TOC): 물속의 미생물 부유물질 등의 모든 형태의 유기물질의 총합으로 증발 잔유물을 태웠을 때 발생하는 CO_2의 총량으로 측정한다.
- 알칼리도: 온천수나 탄산수 같은 물속에 용존하는 탄산이온이나 중탄이온의 존재에 근거한 것으로 H^+ 이온과 반응 정도를 적정법으로 정량한다.
- 산성도: 물속의 H^+, Fe^{2+}, HSO_4^-이온 등의 존재로 OH이온과 반응 정도를 측정한다.
- 경도: Ca^{2+}, Mg^{2+} 이온은 비누와 반응하여 불용성 화합물을 형성, 침전시키므로 물의 사용시 편의상 물 1*l*에 들어 있는 Ca^{2+}, Mg^{2+} 농도 합으로 지구화학적으로는 별 의미가 없다. 수질 평가시 유용한 원소는 물에 용존하고 있는 주성분과 미량성분이다.

하천수나 온천수, 탄산약수, 지하수 등은 주변 암석이 풍화되어 주변 암석광물의 성분이 녹아 흘러들어가거나 광산폐수, 산성비나 오염 대기, 에어로솔 등 인간 활동에 의해 발생한 오염 성분들이 물에 흘러들어가 물을 오염시키게 된다.

미국의 환경 방제 기구(The Environmental Protection Agency, EPA)나 우리나라의 환경부에서도 음용수의 수질 기준에서 이들 금속, 비금속, 유기화합물의 농도의 한계를 정하고 있다. 특히 음용수에서의 독성 원소의 한계치는 표 4-1과 같다. 주요 독성 원소는 As, Cd, Cr, Pb, Mn, Hg, Ag, Se, 4-D, Ra 등이 있다.

4-2 온천의 관리

온천은 수질 관리, 수량 관리, 환경 관리 등 여러 각도에서 관리되어야 한다. 왜냐하면 온천 자원도 화석 연료 자원처럼 자원의 한도가 있기 때문이다. 온천지구 내에 온천공의 난개발, 온천 수량의 과잉채수 사용 등으로 온천 시스템에 큰 손상을 주어 온천 시스템이 파괴될 수 있는 큰 위험이 있기 때문이다. 특히 우리나라의 온천은 외국의 많은 온천에 비해 수온도 낮고 온천 수량이 비교적 적은 편이다. 그런데 국가 경제 성장과 함께 시민의 삶의 질이 향상되므로 온천 휴양지의 이용이 크게 증가하고 있다. 동래온천의 경우 1992년 1일 평균 사용량 1520m^3/일로 온천 수위가 100m까지 하강되어 온천수의 사용량 조절의 필요성이 지적된 바 있다. 또한 수안보온천의 경우에도 온천수 사용량 증가로 온천 수위 하강의 우려를 연구자들

표 4-1 음용수로서의 오염원소의 수질기준치와 오염원소의 기원(EPA, 1986)

원소	허용농도	오염원의 근원
비소(Aresnic)	0.05	제초제
바륨(Barium)	1.0	중정석광물($BaSO_4$)
		위더라이트($BaCO_3$)
카드뮴(Cadmium)	0.01	광산 광미, 산업폐기물
크롬(Chromium)	0.05	산업폐기물
구리(Copper)	1.0	수용성제초제
철(Iron)	0.3	Fe함유광물
납(Lead)	0.05	산업폐기물
망간(Manganese)	0.05	Mn 함유광물
수은(Mercury)	0.002	Hg 함유광물
		화석연료연소, 제련소
은(Silver)	0.05	살균제,광물암석
아연(Zinc)	5	광물암석
		산업폐기물
불소(Fluoride)	2.0	산업폐기물
		광물,암석
염소(Chloride)	250	NaCl 염수
pH	6.5-8.5	산성비, 광산폐수
		산업폐기물
질산(Nitrate, as N)	10	농장유출
세렌(Selenium)	0.01	광물암석
		비료, 종이석탄연소
황화물(Sulfide)	0.002	유기물질 산화
황산염물(sulfate)	250	황화광물 산화
TDS	500	염수 증발 농축

이 지적하였다. 전국적으로 제한된 소수의 온천지에 이용자가 급증하여 온천수 사용량이 크게 증가하고 있다. 뿐만 아니라 관광지로서 거대한 휴양 시설 건축이 크게 늘어나 온천수의 사용 절대량이 대량 증가하여 많은 온천 지역에서 온천수의 수량 부족 현상이 발생하고 있다. 이로 인하여 온천의 대수층에서 온천 수위 하강으로 온천 시스템의 유지에도 위험을 초래하고 있다. 때문에 온천의 관리는 늦출 수 없는 대단히 중요한 과제이다. 특히 우리나라와 같은 온천 현황에서는 온천의 집중 관리 시스템 구축이 대단히 필요하다.

온천의 집중 관리(集中管理)란 위와 같은 특수성과 제한성을 가진 온천 자원을 유효하게 사용하고 온천 자원의 보호와 온천 자원 이용 시설에 온천수를 안정적으로 공급하는 수단을 말한다. 각 온천 지역은 지질학적으로나 수문학적으로 그 지역이 하나의 온천 시스템으로 구성되어 있다. 예를 들면 부곡온천 지역, 유성온천 지역, 백암온천 지역 등은 모두 제각기 지질학적으로 수문학적으로 각기 다른 특성을 가지고 있다. 현재 각 온천 지역에서 지방자치단체가 관리하는 일부 온천공을 제외하고 많은 시설들이 개인이 온천 개발 공을 가지고 있다. 그러나 지하 온천수의 대수층과 온천수의 기원, 원천은 모두 동일한 온천 시스템 내에 있는 경우가 대다수이다. 때문에 서로 경쟁적으로 사용하므로 온천수의 고갈 현상(枯渴現象)을 일으켜 온천수리 시스템을 파괴하여 더 이상 모두가 온천수를 사용할 수 없는 상태로 발전될 위험성이 크다. 온천수의 고갈 현상이란 온천수 채수량의 증가로 점차 온천 수위가 저하됨을 말한다. 온천 수위가 저하되면 온천 수량이 감소하고 온천수가 점차 용출될 수 없게 된다. 더욱이 궁극에 가서는 온천 시스템이 파괴되어 더 이상 온천수가 만들어질 수 없게 될 수도 있다. 또 온천 수위 저하는 온천 대수층 주변으로부터 차가운 지하수를 온천수계로 유입시켜 온천의 수온을 떨어뜨리게 한다. 또한 수온이 저하되면 온천수의 용존 성분을 희박하게 만든다. 또 제주도 해안 지역에 일어난 지하수의 염수화 현상처럼 온천 원천 주변의 해수가 유입되든가 하여 온천수의 천질이 변화되기도 한다. 이 같은 현상이 점점 진행되면 결국 온천수리 시스템이 파괴된다. 온천수리 시스템이란 지하 대수층에 적절한 양이 공급되어 열원에 의해 따뜻하여지고 따뜻해진 온천수를 채수 사용하면 사용한 양의 물의 량만큼은 다시 온천수계에 재충전이 되어 계속 따뜻해지는 연속적인 순환이 이루어지는 일련의 자연적인 과정을 말한다. 지열발전소의 발전 시스템이 이를 잘 나타내주고 있다. 온천의 집중 관리를 위해서는 온천지에서 사용하고 있는 각 원천 개발 채수공은 각각 그 개발공 밑에 있는 공통의 온천원에서 취수하기 때문에 동일한 원천임을 인식하고 채수 방법, 공급 방법, 사용 방법 등에 인식을 같이해야 한다. 지금까지 개개 기관이나 개인이 관리하고 있는 모든 온천공(지하수 개발공도 포함)의 원천관리, 온천수 채수, 온천수 배탕, 배송 등을 온천 지역 전체를 하나로 하여 집중 관리하여 온천 원수의 보호, 온천수의 안정적 공급과 합리적 이용과 효율성을 높이는 노력을 해야 한다. 이 같은 집중 관리가 온천수리 시스템의 영구 보존과 영구적인 사용을 위한 최선의 방책이다. 우선 온천의 지질-수문학적 시스템을 이해하고 모든 기관이나 개인이 온천 지역의 보존과 효과적 이용에 동참하는 의식 전환이 우선되어야 한다.

4-3 온천의 집중 관리

온천 집중 관리에 성공한 일본은 2000년 현재 전국 113개 온천 지구가 집중 관리를 실시하고 있으며 사업체의 과반수는 지방 공공 단체(56.5%)가 주체가 되고 사업협동조합 형식으로 운영되는 곳을 합하면 85.5%가 집중 관리되고 있어 집중 관리 사업은 공공성이 강함을 알 수 있다. 온천의 집중 관리 계획시 우선적으로 고려되어야 할 사항은 보건복지부 같은 기관이 정한 온천 이용의 기준이 적용되어야 한다. 그리고 온천 유효 열량과 이용 효율, 온천수의 송탕, 배탕, 분탕 등이 고려되어야 한다. 호소타니(1999)에 의하면 온천의 유효 열량과 이용 효율은 다음과 같이 계산한다.

온천의 유효 열량은 천온과 온천의 이용 목적에 따라 정해지는 사용 온도와의 차에 채수량을 곱한 것이다. 즉 $T_E=T_1-T_2$

$QE=1.163\times60T_EW\times10^{-3}(kW)=60TEW(kcal/h)$가 된다. 여기서 T_E: 유효온도(℃), T_1: 천온(℃), T_2: 사용온도(℃), QE: 유효열량, W: 채수량(안전채수량)(l/min)이다.

또 이용 효율은 이용 목적의 전열부하(全熱負荷, Qr)를 유효 열량으로 나눈 백분율이다.

즉, 이용 효율 $\tau=Qr/QE\times100(\%)$, Qr는 이용 목적의 전열부하(KW 또는 kcal/h)이다. 유효 열량을 사용 목적지까지 손실이 적게 보내는 송유관으로 송탕하는 일과 온천의 유용열량을 이용시설에 합리적으로 분배하는 배탕, 온천수를 사용하는 사용처에서의 분탕(급탕) 등의 기술적 방법이 고려되어야 한다.

보통 분탕시의 온도는 안전상 일본에서는 60℃로 하고 있다. 집중 관리 방식에도 온천의 열량 가치를 우선 고려할 것인지, 온천의 천질(화학 성분)을 우선적으로 고려할 것인지도 지역 특성에 따라 고려되어야 한다. 우리나라의 경우 열량 가치를 우선으로 고려해야 할 것으로 생각된다.

이 같은 사실을 고려하여 지방 자치단체에서 집중 관리의 계획을 수립·추진해야 한다. 온천 집중 관리 계획 추진 순서의 실례는 그림4-1과 같다.

4-4 미래형 온천의 집중 관리 사례

온천의 집중 관리의 필요성에도 불구하고 우리나라에서는 수안보온천 등 일부 온천에서만 적용하고 있는 실정이다. 좀더 체계적으로 다수 운영되고 있는 일본의 사례 연구를 중심으로 소개한다.

온천의 집중 관리를 실시하고 있는 역사가 깊은 온천을 보면 그 배후에는 온천수의 고갈 현상이 일어났으며, 고갈 현상의 가장 큰 원인은 과잉 채수였다. 과잉 채수가 왜 일어났는지를 알아보면, 일본의 경우 1945년 제2차 세계 대전에 패배한 후 궁핍한 경제 상황에 직면하였으나 1950년에 발발한 한국동란의 수요경기 부양으로 일본 경제가 회복되기 시작하여 1973년 오일 쇼크까지는 고도 경제 성장이 계속되어 온천 지역에도 이용객이 증가하게 되었다. 우리나라도 1950년 6.25 동란의 전후에 경제적 어려움에 직면하였으나 1970년대 새마을 사업의 성공과 베트남 전쟁 그리고 중동 진출로 인하여 경

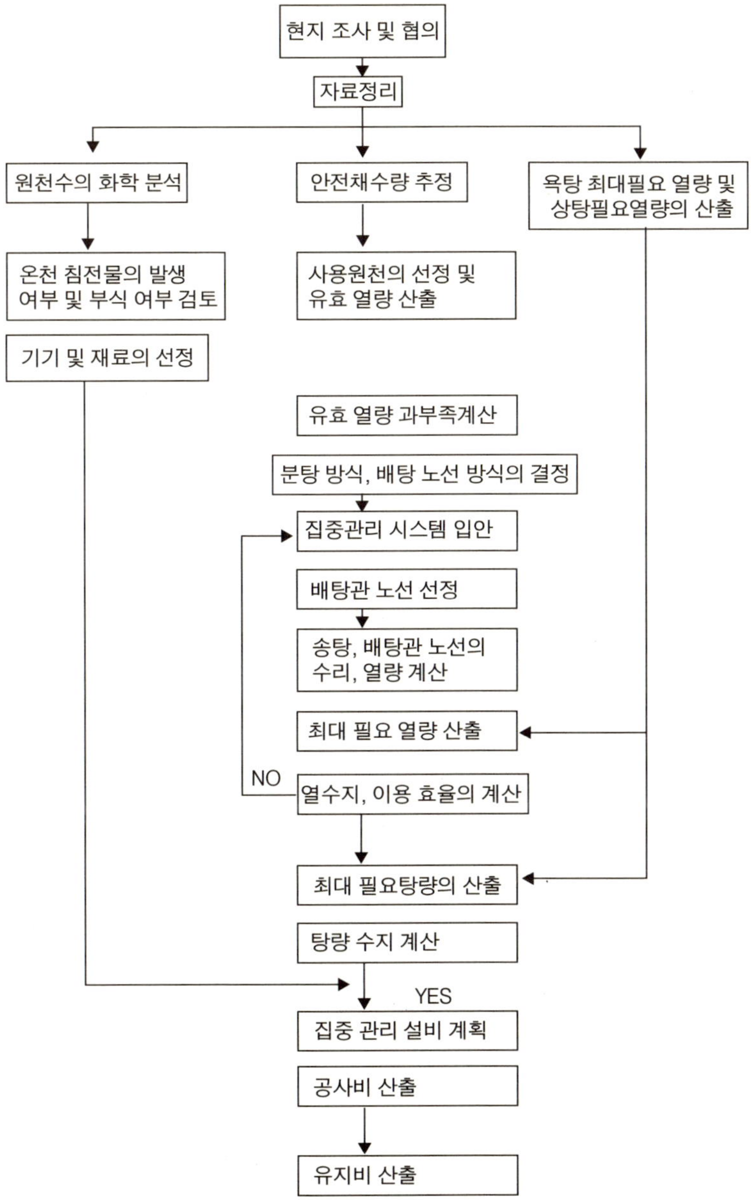

그림 4-1 온천 집중 관리 계획 순서도 (호소타니, 1999)

제가 급속도로 성장하였다. 특히 1988년 서울 올림픽을 기점으로 한국 경제는 선진국형으로 전환되었다. 이로 인하여 동트는 새벽부터 달뜨는 늦은 밤까지 일만 하고 살아왔던 생활에서 여가 이용이라는 용어가 생겨나면서 온천 이용이나 관광지 여행도 점차 늘어나게 되었다. 이로 인하여 온천의 이용객이 늘고 특히 주말이나 휴가철에는 온천수의 소비량이 증가하여 온천수의 수급 균형이 파괴되기 시작하였다. 특히 이 시기에 호텔 등 관광지 시설이 확장되고 난개발과 함께 온천 이용자수 증가로 경쟁적 과잉 채수가 발생하여 온천수의 고갈을 초래하였다.

온천수의 과잉 채수가 계속되면 온천수의 고갈 현상은 더욱 심각해져서 마침내는 온천수의 수량이 감소되고 온천의 수위가 떨어지며, 온천수의 천질(성분)이 변화하고 결국은 온천수의 수급 균형이 깨지면서 온천 시스템이 파괴되어 온천의 존재의 위기까지 직면하게 된다. 이 같은 온천수의 수급 여건을 개선하고 온천 자원을 보존하고 온천수의 수급 균형을 되살리기 위한 방안이 온천의 집중 관리인 것이다.

일본이나 우리나라에서도 이 같은 온천지의 이용은 주로 영업을 목적으로 한 외래 손님들을 위한 시설로 주로 활용되어와 온천지의 지역 주민들은 다소 지역 경제의 활성화 혜택은 받을런지 몰라도 직접적인 온천수의 혜택은 크게 받지 못하였다. 따라서 온수의 집중관리로 적절히 사용함으로서 온천수를 안정적으로 지역 주민들의 가정에서도 이용할 수 있는 관리 시설이 요구된다. 일본의 경우에도 일반 가정의 온천수 활용 현황 자료가 지극히 제한되어 있어 일반화하기는 어렵지만 호소타니(2003)에 의하면 하마사카온천의 경우를 보면 785호의 일반 주택에 한 주택당 월 평균 사용량 5.11m³ 온천수(온도 63.9℃)를 연간 48,133m³ 공급 · 사용하고 있다. 또 이와키시의 고나바나 마을에서도 54℃의 온천수를 가정당 월 9.82m³씩 연간 사용하고 있다. 위의 각 가정당 사용량을 보면 두 지역에서 차이가 난다. 그 이유는 사용 목적이 동일하면 사용량도 동일하여야 하는데 온천수는 열공급이므로 온도차로 인하여 사용량에서 차이가 나는 경우가 생기는 것이다. 하마사카온천은 약한 식염천이므로 용도는 주로 욕탕용이다. 그러나 고나바나 마을의 경우는 욕탕 외에도 세탁, 기타 목적에도 사용되고 있다.

욕탕용의 기본 사용 온도는 일반적으로 42℃이므로 하마사카온천의 경우 온천 1m³(밀도가 1이므로 질량 1톤)의 유효 열량은 (63.9-42)1000=21,99[kcal]이 된다. 한편 고나바나 마을의 경우는 유효 열량이 (54-42)1000=12,000[kcal]이다. 유효 열량으로 보면 하마사카온천이 고나바나 마을의 1.825배가 된다. 즉 하마사카온천의 온천 1m³는 고나바나 마을 온천 1.825m³와 같은 사용이 된다. 이처럼 일반 가정의 욕탕용으로 온천수를 공급할 경우 1호당 온천수 사용량은 고나바나 마을의 사용 실적에 따라 계산하면 9.1m³/월이 된다.

일본의 온천 지역의 온천수 수급 균형 현황을 보면 다음과 같다.

일본 전체의 경우 구체적인 검토는 아직 어려우며 2000년 일본의 겐(도)별 온천 사용 실적을 기준으로 2,839개소 온천의 온천수의 수급 균형을 검토한 내용은 다음과 같다.

일본의 온천 이용 현황표에 의하면 일본 전국 온천의 용출량은 2,331,347[l/분]=12.253억[m³/년]으로 연간 숙박 이용자 수는 1.3971

억 명이므로 숙박인 1인당 평균 사용 가능량은 8.77[m³/인/일]이다.

온천수를 일반 가정의 욕탕용으로 사용할 경우 1호당 월 평균 거주인구가 2.7인이라 하면 거주자 1인당 평균 온천수 사용량은 $10 \times 12/365 \times 2.7 = 0.121$[m³/인/일]이 된다.

일본 전국 생활 용수 사용 실적에서 급수인 1인당 평균 사용량은 0.392[m³/인/일]이 된다(1992년 조사 자료).

이상에서 보면 일본 전국 2,839개소의 온천들 중 절반의 온천이 수요량에 비하여 공급량이 과잉되어 있다. 용출량을 일본 전국 온천의 안전 채수량이라 가정하면 일본 온천의 절반은 수급 균형이 이루어지고 있는 셈이다. 우리나라에서도 각 온천 지구에서 온천수의 용출량 월별 사용량, 이용자 수 등 구체적인 자료의 통계에 의하여 온천 지역의 현황을 파악하는 것이 급선무이다. 유성, 수안보, 부곡온천 등 국내에서도 대다수의 온천에서 온천수의 과잉 채수, 난개발 등 관리 미비로 온천 시스템 파괴의 위험성이 우려되고 있다. 앞으로 보다 과학적이고 체계적인 관리 시스템 구축이 요구되고 있다. 국내의 온천 지역은 대다수 호텔, 여관 등 특수 영업장을 중심으로 영업장이 자체 개발하여 관리하는 온천과 일부 지방 자치단체가 관리하는 곳도 있다. 그러나 아직 온천수의 수량 확보 부족 등으로 온천 지역 주민이 일반 가정에서 사용할 수 있는 단계에는 와 있지 못한 실정이다. 그러나 금후 온천 지역의 일반 가정에서도 이용 가능하게 할 수 있는 온천의 집중 관리 시스템 도입이 필요하다. 호소타니(2003)가 제안한 미래형의 집중 관리 시스템의 특수성을 들어보면 다음과 같다.

온천 이용 시설은 일반 주택을 중심으로 하기 때문에 온천 사용자는 지역 주민이 주체가 되므로 지역 주민과 온천이 공생하는 상태가 되어야 한다.

온천 자원의 난개발을 미연에 방지하고 투자의 낭비를 막기 위하여 원천 소유자와 사업 주체는 원칙으로 지방 공공 단체가 맡는 것이 좋다. 온천 지역 내 주민은 공급을 희망할 경우 소정의 수속을 마치고 자유롭게 공급받는다. 과거의 집중 관리에 비하여 공익성이 높다. 지역 주민이 온천 자원 보호 의식이 높고 온천수 사용을 절제한다. 과거와는 달리 어디서나 온천욕이 가능하므로 마을 전체가 온천 마을이 된다. 온천의 의학적 효능으로 지역 주민의 건강 관리와 예방의학적인 측면에도 도움을 준다. 배탕관에 방화수관을 접목하면 소방용 방화수로 사용 가능하다. 일반 가정에서 이산화탄소 사용량이 억제되어 지구 온난화 방지에도 도움을 준다.

이처럼 많은 장점을 가진 일본의 미래형 온천 집중 관리 시설은 특정 영업장의 관리에서 지역 주민이 함께하는 집중 관리 시스템을 지향하고 있다. 우리나라의 경우 아직 지역 주민보다 각 영업장 중심으로 운영되고 있는 실정이므로 각 영업장의 사용 개발 현황의 정확한 자료의 축적이 선행되어야 할 것이다. 그러나 우리나라에서도 온천수의 고갈, 난개발, 관리 소홀 등의 문제를 지방 자치 단체에서는 구체적으로 연구 검토하여 빠른 시일 내에 온천의 집중 관리 체계를 구축 시행하여 귀중한 온천 자원의 보호를 서둘러야 할 것이다.

제5장 온천의 탐사와 개발

88 서울 올림픽 이후 급속한 경제 성장과 함께 국민 생활의 삶의 질이 향상됨에 따라 온천을 휴식 공간으로 사용하는 사람들이 급증하면서 전국적으로 온천 개발의 붐이 일어났다. 온천의 탐사 장비와 시추 장비의 현대화로 심부까지의 시추가 이루어지므로 국내에서 많은 온천이 개발되기 시작하였다. 온천 탐사의 기초 자료는 지질도이다. 세계적으로 대부분의 화산성 온천은 지구조 세트의 지판들의 경계부나 이와 관련된 지역에 분포하고 있다. 즉 화산 활동 지역에 화산성 온천이 주로 분포하고 있다. 그리고 우리나라와 같이 비화산성 온천이 주를 이루는 지역은 심성암류인 화강암질 암석의 분포와 관련이 깊다. 심성암의 경우에도 암석의 연령이 젊을수록 관련성이 증가하고 있다. 우리나라의 화강암류는 중생대 쥐라기의 대보화강암과 백악기의 불국사화강암이 주로 분포하고 있으며 이들 화강암체와 온천의 분포가 밀접하다. 화산성 온천으로는 유일하게 백두산 주위에 분포하고 있는 온천들이 있는데 백두산의 화산 활동과 관련이 깊다. 즉 세계적으로 많은 화산이 제4기 이후의 화산 활동 지역과 대단히 밀접하다. 따라서 화산암이나 화강암 같은 화성암이 온천과

관계가 있는지 유무를 판별하는 것이 대단히 중요하다. 즉 화성암체의 지질 시대, 암체의 규모나 관입 또는 분출 형태 등이 중요하다. 가능하면 이들 암체가 지하의 열원과 관계되어 있을수록 좋다. 이 같은 사실은 이미 세계적으로 잘 알려져 있는 화산의 분포나 지열 지역, 온천의 분포에서 잘 나타나고 있다. 따라서 우선 이와 같은 지역

표 5-1 온천 개발 탐사 조사항목

조사, 탐사 방법	조사, 탐사 내용	참고
I 지질 조사	(1) 지형분석 (2) 지질도 작성 (3) 수리지질도 작성	항공 사진 또는 위성 사진 분석 선구조, 단층 등 지질 구조 분석 온천과 화성암과의 관련성 검토 기존 온천의 분포 방향, 지하수의 유동 방향, 파쇄대등 대수층의 특성 조사 등
II 지구 물리 탐사	(1) 지온 분포 측정, 지열류량 측정지하등온선도 작성 (2) 지구 물리 탐사(전기탐사와 자연 전위 탐사) (3) 중력 탐사, 지자기복각 측정 (화산암지역) (4) 시추공검층	온도검층, 용출량 조사
III 지화학 탐사	(1) 수질 화학 분석 (2) 물의 동위원소비 분석 (3) 모암의 화학 분석 및 동위원소 분석 (4) 모암 절대연령 측정 (5) 방사능 탐사	수질 및 수위 변동 조사, 수질 화학 변동 조사, 물의 기원, 용존 성분의 기원, 수질이상 지역 조사, 열수변질대 조사, 동위원소 이상대 조사, 방사능 분포도 작성

의 구성 암석의 분포, 지질 구조, 지형 등 지질학적 기초 자료를 수집 분석하여 1차적으로 온천의 부존 가능성을 검토하여야 한다. 그리고 야외의 현장 정밀 지질 조사와 지구 물리 탐사와 지화학 탐사에서 확인한다. 이때 지온 또는 지열류량 조사와 지질구조 조사도 대단히 중요한 정보를 준다.

온천의 과학적인 조사와 탐사 방법에는 다음과 같은 방법이 활용되고 있다(표 5-1 참고).

5-1 지질 조사 및 지질 구조 조사

야외 지질 조사에서 온천 관계화성암과 대수층(aquifer)을 중심으로 정밀 조사를 실시하여 지하 지질 단면도를 작성한다. 특히 관련 화성암의 지하 존재 범위와 구조 확인이 중요하다.

지질도 작성시 지표에서의 절리나 단층과 같은 지질 구조 요소를 측정하여 정량적으로 분석한다. 우리나라처럼 대수층이 주로 암반의 파쇄대로 구성되어 있는 경우 지하의 파쇄대의 구조 패턴 분석이 지하수나 온천수의 부존 확인에 대단히 중요하다. 온천의 용출 기구가 파쇄대나 단층선을 따라 용출될 때는 파쇄대의 분포, 수량, 천온과의 관계를 조사할 필요가 있다. 이때 파솨대의 연장과 폭, 파쇄대 간의 교차 구조 등의 입체적인 조사가 도움이 된다.

온천을 만드는 지하수의 함양원, 지하수의 이동, 대수층의 분포, 대수층 내의 수량 등의 모든 정보를 종합한 수리 지질도(Hydrogeological map)를 작성한다.

온천 대수층이 다공질의 화산쇄설층이나 퇴적암처럼 층상인 경우에는 심부의 열원에 의하여 다공질 대수층의 지하수가 온천수화될 수도 있다. 대수층이 사암과 같은 퇴적암일 경우 층서는 물론 이들 암석의 공극률, 투수성, 밀도 등이 조사되어야 한다. 대수층의 상하 지층의 특성도 중요하다.

5-2 지구 물리 탐사

온천 지역의 지구 물리 탐사는 지온 및 지열류량 측정을 실시하여 탐사 지역의 지온의 수평-수직 분포의 특성을 조사한다. 온천 탐사에서는 지표의 온도 분포와 구조선과의 관계 등을 조사한다.

지구 물리 탐사법으로는 지표와 항공 물리 탐사 등 다양한 방법이 사용되고 있다. 예를 들면 지표 물리 탐사 방법으로 전기 탐사, 중력 탐사, 탄성파 탐사 등이 있다. 그리고 항공 탐사 방법으로 전파 측정과 적외선 온도 측정 방법이 사용되고 있다. 시추를 시행하였을 경우 시추공의 전기검층(자연전위검층, 비저항검층, 유체전도검층 등)과 온도검층, 공내유속검층, 방사능검층, 음파검층 등이 실시된다.

화산성 온천 지역인 경우에는 화산체 내의 마그마방(magma chamber)의 심도, 압력 등을 지자기복각을 측정하여 그의 분포 패턴에서 마그마방의 정보를 얻는다. 또 항공 적외선에 의한 지열방사선을 측정하여 지하의 온도에 대한 정보를 얻는다. 방사 에너지의 량은 온도가 높을수록 크다. 적외선 방사성 측정에서 마그마방의 존재와 그 규모가 추정될 수 있다.

기타 지구 물리 탐사의 구체적 방법은 여기서는 다루지 않는다.

5-3 지화학 탐사

온천 지역의 지화학 탐사는 기본적으로 수질 화학 분석을 실시하여 온천수의 용존 이온 특성을 조사한다.

현장 측정(pH, 산화-환원전위, 전기전도도, 용존산소)과 실험실 측정에서 주성분과 미량 성분을 분석한다. 황화수소(H_2S), 이산화탄소(CO_2) 등의 가스 성분과 염소(Cl), 황산염이온(SO_4) 등을 관심깊게 정량한다. 수질 분석은 지표의 수평적인 시료 채취로 수평적인 등치선도를 작성하고 지하에서 유출되는 경우에는 시간적으로 모니터링도 한다. 온천수의 수질 분석과 특징은 제3장과 제4장에 소개하였다.

산소, 수소, 황, 탄소, 질소 등의 환경동위원소비 측정으로 온천수의 기원을 밝힌다. 그리고 온천수의 대수층에서의 이동 방향, 이동 속도를 해석한다. 동위원소비를 트레이서로서 사용하여 온천수 내에 용존하고 있는 원소의 기원을 추적하는 것이 중요하다. 모암의 산소($^{18}O/^{16}O$)나 스트론튬 동위원소비($^{87}Sr/^{86}Sr$) 분석으로 열수변질의 현황, 물-암석반응(water-rock interaction) 시의 물-암석비를 산출한다. 특히 열수 변질대의 규모나 정도를 해석하여 온천 또는 지열 지역의 지하 열수계의 열수 시스템을 모식화 정량화한다.

그 외에도 방사능 탐사나 모암의 절대 연령 측정과 온천수와 지하수의 연령을 측정하여 수리 시스템의 시공간적인 모델을 이해한다.

5-4 시뮬레이션에 의한 지열수계 모델링

온천-열수 시스템 모델, 지열 구조 모델, 지열-유체유동 모델, 유체 지구화학 모델 등의 용어가 사용되고 있다. 모델이란 실제의 온천-지열 지역 현장을 재현한 것으로 온천 또는 유체지구화학 모델이란 온천 또는 유체 조사에서 확인된 온천-지열계의 화학적 특징, 또는 지화학적 방법에 의하여 밝혀진 지질학적, 지구물리학적 특징을 일반적인 패턴에 적용시켜 모식적으로 표현한 것이라고 정의하고 있다. 온천 탐사에서 얻어진 결과를 종합적으로 모델링하면 온천-지열 시스템을 이해하기 쉽고 또 조사 후에도 이들 정보를 이용하기가 쉽다. 온천 유체지화학 조사에서 얻어진 모델은 온천 열수유체의 기원, 분포, 거동(혼합이나 유동), 물리화학적 특성을 담고 있다. 온천 지열유체의 조사에 이용되는 한 방법을 예시하면 그림 5-1과 같다.

온천 지열 자원의 중요한 요소는 구조, 열 유체의 정보가 유체지화학 조사에서 얻어진다.

유체지화학 모델에는 (1) 온천수의 생성메카니즘, (2) 온천수의 기원, (3) 지열저류층 유체의 생성 매커니즘, (4) 지열저류층의 유체의 기원, (5) 지열유체의 거동(혼합, 유동), (6) 지열저류층 유체의 물리화학적 특성(온도, 가스 조성, 분압, 열수화학 특성), (7) 지열저류층의 분포(지질, 투수성층, 불투수성층)가 포함되어야 한다. 그리고 다음과 같은 정보도 필요하다. (1) 지질 구조에 관한 정보, (2) 온도 분포, 열구조에 관한 정보, (3) 온천수 지열정 열수의 화학 동위원소 자료, (4) 지열정, 증기의 동위원소 자료.

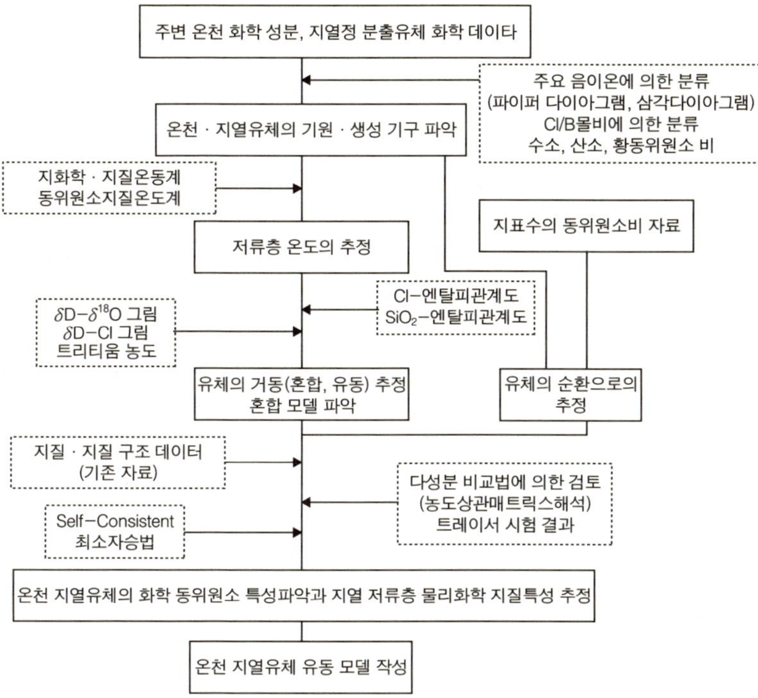

그림 5-1 온천 지열 유체 지화학 조사 해석의 흐름도 (시마다, 2000)

수치 시뮬레이션의 방법론은 여기서는 다루지 않는다.

이 같은 조사에 의하여 수립된 일본의 벳부(別府) 온천 지열 지역의 온천 지열유체 지화학 모델은 그림 5-2와 같다.

5-5 시추 조사

온천 탐사에서 가장 유력한 수단으로 예상 지역에 대하여 직접 시추하여 확인한다. 그러나 시추에는 비용이 많이 든다. 이같이 지질

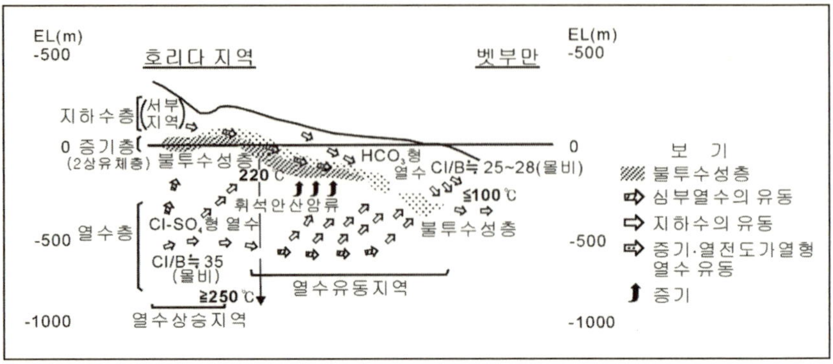

그림 5-2 일본 벳부 온천–지열지역의 온천 지열유체 지화학 모델 실례 (야하라 외, 1994)

조사, 지구물리, 지구화학 탐사의 모든 자료를 종합 해석하여 온천수 부존 가능 지역을 선택하여 시추를 실시하여 최종적으로 확인하는 일은 온천 개발에 마지막 단계이다. 최종적으로 온천수의 부존 확인은 물론 시추공공내 검층이나 수온 변화, 수질, 수량 등 각종 테스트를 실시하여 온천지로서 개발의 경제성을 검토할 수 있는 기본 자료를 제공한다.

제6장 온천의 효능과 온천 문화

6-1 온천수의 효능

6-1-1 온천수의 의학적 효능

온천 연구를 시작한 이래 많은 사람들로부터 어느 온천이 몸에 좋으냐는 질문을 많이 받아왔다. 답부터 먼저 말하면 사람마다, 온천마다 특성이 다르기 때문에 사람의 체질과 처한 신체적 조건에 따라 온천의 효능이 다르다. 따라서 먼저 자신의 신체적 특성과 이상을 생각하고 온천수의 특징을 검토한 후에 온천지를 선택하라고 권하고 싶다.

온천의 효능은 먼 옛날부터 알려져왔으며 주로 민간 요법으로 구전으로 전설처럼 내려오고 있다. 온천욕이 고혈압, 당뇨병, 간경화증, 각종 혈관 장애 등의 성인병이나 기타 질병을 치료하는 데 효과가 크다는 사실을 누구도 부인하지 않는다. 그러나 임상 실험에 의한 의학적 효과에 대해서는 별로 알려진 바 없다.

그러나 현대 의학으로 치료하기 어려운 각종 만성 질환뿐만 아니라 고도의 산업화 사회에서 점증하고 있는 스트레스성 질병이나 심신의 피로를 느낄 때면 따뜻한 온천을 연상하게 된다. 옛날에는 온천욕이 주로 질병 치료로 활용되어왔으나 현대 사회에서는 리허빌리테이션(rehabilitation), 위락 시설과 공유하면서 휴양지로 인기가 높아지고 있다. 이처럼 온천 요법(balneolotherapy)은 좁은 의미에서는 온천을 이용해서 질병을 치료하는 것이고 넓은 의미에서는 온천 휴양지, 맑은 기후, 특색 있는 식사, 운동 요법, 물리 요법 등의 모든 의료, 예방, 리허빌리테이션을 목적으로 온천을 이용하는 것이다. 온천 이용 방법으로 가장 많이 활용하는 것이 온천욕이며 전신욕, 반신욕, 사지욕 등이 있다. 그러면 온천욕이 인체에 어떤 영향을 주는지 알아보자.

첫째, 온천은 25℃ 이상의 고온이기 때문에 "온도 효과(temperature effect)"가 인체에 큰 영향을 준다. 저온이나 상온에서보다 온도가 높아지면 혈압이 상승하고 혈관이 확장되어 혈액 순환을 촉진시킨다. 고온이 되면 피부의 혈관 확장뿐만 아니라 신체 내부의 장기의 혈관인 신장까지도 확장시켜 이뇨 작용 등 신체 기능을 촉진시킨다. 따라서 위장병이나 만성 부인병에 효과가 있게 된다. 또한, 따뜻한 물은 신경의 긴장을 완화시켜 온천욕 후에 수면을 촉진시키기도 한다. 체온 1℃ 상승 시에 몸의 신진대사를 10% 정도 증가시킨다고 한다. 42℃ 이상의 고온욕은 교감 신경을 자극해서 흥분시키고 위액 분비나 장관 운동을 억제시키는 효과가 있다. 고온욕 후에는 피로를 느끼지만 식욕이 상승하는 효과가 있다. 온도가 높아지면 백혈구의 수가 증가되어 항균 작용에 효과가 있다. 따라서 체내의 만성 염증 치료에도 효과가 있다. 특히 일본인들은 우리나라 사람들보다 고온욕을 즐긴다. 고온으로 체내의 노폐물이 땀을 통하여 배출되며 피부세포의 기능을 활성화시켜 피부의 탄력성을 높여주므로 미용 효과도 크다. 그리고 37~40℃의 미온욕(微溫浴)이나 온욕(溫浴)의 경우 부교감 신경을 자극시켜 진정 작용을 해 불면증, 고혈압, 신경증, 뇌졸중 후유증 등의 치료 효과가 있다.

둘째로 압력 효과(pressure effect)가 인체에 영향을 준다. 욕탕에서 인체에 주어지는 압력 때문에 혈액 순환이 원활해진다. 전신욕의 경우 복부는 3~5cm, 가슴 둘레는 1-2cm 압축되어 복강내압이 상승하여 폐용량이 감소하고 호흡이 가속된다. 또 말초 혈관계가 압박되어 정맥환류가 증가하여 심장에 부담을 준다. 특히 CO_2 등 용존 가스가 피부에 부착되면 피부 세포를 자극하여 혈액 순환을 더욱 촉진시킨다. 공기 중에서보다 물속에서는 부력으로 체중의 1/9 정도 감소하기 때문에 노약자나 신체 장애인의 경우 운동하기가 쉬워져 힘들이지 않고 자유스럽게 운동을 할 수 있다. 리허빌리테이션에 효과가 대단히 크다.

셋째 온천수에 용존하는 화학 성분이 직·간접적으로 인체에 영향을 준다. 예를 들면 빈혈을 느끼는 사람은 철 이온(Fe^{2+}, Fe^{3+})이 온천수에 풍부한 철천에서 온천욕을 할 경우 철 성분이 피부를 통하여 섭취되어 효과를 보게 된다. 이런 경우 온천수를 마시는 음용 요법도 효과적이다. 산성천인 경우 약산이 살균 효과를 가지기 때문에 각종 피부 질환자에 있어서 치유 효과를 볼 수 있다. 나트륨이나 염소의 농도가 높은 식염천의 경우 목욕 후 부착된 피부의 염분이 땀의 증발을 막아주는 보온 효과 때문에 만성 류마티스, 관절염, 신경통, 요통, 근육통 등에 효과가 있다. 음용시에 위액 분비를 촉진시키고 위장 운동을 활발하게 한다. 온천수에서 유출되는 수증기나 황화수소(H_2S) 등 가스를 흡입하는 과정에서 인체에 영향을 주기도 한다. 특히 황화수소는 동맥 확장 작용에 효과가 있고 피부 각질의 용해 및 항기생충 작용이 있어 피부 질환에 효과가 있으며 기관지염, 당뇨병에도 효과가 있는 것으로 알려져 있다. 중조천(重曹泉)은 피부 표면에 분비물이나 지방을 유연하게 하여 피부를 미끄럽게 한다.

라듐, 라돈이나 기타 방사성 원소가 산출되는 방사능 온천에서는 방사성 원소가 반감기로 붕괴하는 과정에 발생한 방사성이 인체에 영향을 주기도 한다. 방사성은 간장이나 신장 세포 호흡을 억제하지 않지만 신경 세포의 산소 소비를 억제시켜 진정 작용(鎭靜作俑)을 하기 때문에 신경통, 류마티스 질환에 효과가 있다. 또 방사성은 뇨산 배설을 촉진시키기 때문에 통풍에도 효과가 크다(안용팔, 1983). 그러나 이들 방사성이나 원소가 인체에 미치는 효능의 유무, 즉 유해성과 유효성은 온천욕을 즐기는 개개인의 체질이나 조건에 따라 결정될 사항이다. 즉 온천수에 용존 또는 용출되는 각종 원소나 가스가 이런 원소에 대해 결핍 상태에 있는 사람에게는 보충되어 효능이 있게 되나 이런 원소를 체내에 과다하게 보유한 사람에게는 오히려 유해할 수 있기 때문이다.

현대인들은 산업 사회의 기계화 문명 속에서 각종 스트레스를 받고 있다. 고통스러운 스트레스 때문에 식욕 부진, 위장 장애, 변비, 의욕 상실, 노이로제 등의 여러 신체 장애와 정신 질병이 유발된다. 온천 휴양지에 가기만 해도 심리적 효과, 기후, 환경 변화에 따라 생체방어 기능이 강화되는 간접적인 효과도 크다.

초가을 찬바람이 불어오기 시작하면 복잡한 도회지에서 벗어난 자연 속의 온천욕이 더욱 생각나게 된다. 온천욕은 온도, 압력, 화학 성분 등의 효과로 인간의 스트레스를 완화시켜준다. 뿐만 아니라 온천 휴양지의 수려하고 조용한 주위 자연 환경은 이런 효과를 더욱 증대시킨다. 노천 온천의 묘미가 여기에 있다. 우리나라에서는 지질학적 여건 때문에 자연 노천 온천이 부재함은 안타깝다. 그러나 이웃 일본에서는 수많은 온천과 자연 속의 노천 온천이 분포하고 있어 온천욕과 온천 문화가 고도로 발달되어 있다.

6-1-2 온천욕의 효능 면에서 본 온천의 대표적 유형 분류

온천의 온도, 압력, 부력 등의 물리적 작용이나 온천수에 용존하고 있는 각종 화학 성분이 인체에 의학적인 치료 효과를 준다. 이같이 약리적, 의학적 효능이 기대되고 있는 온천을 요양천(療養泉)이라 한다. 우리나라 대부분의 탄산약수와 온천은 과거에는 요양 목적으로 주로 이용되어왔다. 그러나 최근에는 주로 스트레스 해소와 같은 휴양, 휴식을 위한 공간으로 활용되고 있다.

요양천은 온천수의 주요 성분의 농도에 따라 단순온천, 황산염천, 산성천, 황천, 식염천, 함철천, 탄산수소염천, 방사능천 등으로 분류한다. 이들 요양천의 약리적 효능은 다음과 같다.

- 단순온천: 온천수에 녹아 있는 화학 성분의 농도가 비교적 낮아 자극성이 낮다. 그러나 성분이 조금씩 다르기 때문에 단순온천

이라도 온천마다 그 효능이 다르다. 우리나라의 온천은 대다수 단순온천에 해당된다.

- 황산염천: 온천수에 황산염(SO_4^{2-}) 이온 농도가 높은 온천을 말한다. 성인병 중 중풍, 동맥경화증 예방에 효능이 있다. 진정 작용(鎭靜作俑)에도 효능이 있다. 우리나라의 해운대온천, 부곡온천, 마금산온천 등이 이 같은 유형에 속한다.
- 황천: 분출되는 황화수소(H_2S) 가스가 특이하다. 미세동맥, 모세관 혈관 확장 작용이 강하다. 우리나라에서는 황화수소 가스 분출량이 낮기 때문에 위험성은 없지만 가스량의 분출이 많은 온천에서 환기가 나쁘면 가스에 중독될 수도 있으므로 유의할 필요가 있다. 백암온천, 도고온천, 부곡온천에서 황화수소가 소량 분출되고 있다. 북한에서는 량강도 보천 내수 온수평온천과 평안북도 운산온천 등지에서 황화수소가 산출되고 있다.
- 식염천: 보온 효과가 강하여 후끈후끈한 열을 느낄 수 있다. 관절염, 근육통 등 통증이 있는 병에 효과가 있다. 동해안 해안에 가깝게 위치한 해운대온천이 여기에 속한다. 북한의 경우 역시 동해안에 위치하는 함경남도 인흥온천이 해수 혼입형 식염천이다. 그리고 황해도의 옹진온천과 연안온천도 전형적인 식염천이다.
- 철천: 온천수에 철 이온(Fe^{2+}, Fe^{3+}) 농도가 높은 온천으로 용출될 때는 무색 투명하나 공기 중에서는 철이 산화되어 물의 색깔이 적갈색으로 변하고 농도가 높은 경우 붉은 갈색의 철산화물 침전물이 생긴다. 빈혈증에 유용하며 온천욕이나 음용 요법이 효과적이다. 우리나라의 경우 온천수에는 낮게 함유되어 있으

나 탄산약수에는 높은 함량의 철 이온이 포함되어 있다.

- 산성천: 온천수의 산도, 즉 수소 이온 농도(PH)가 높은 온천으로 피부에 자극성이 강하다. 산의 살균 효과로 만성피부병 치료에 효능이 높다.
- 탄산염천: 온천수에 탄산(HCO_3^{2-}) 이온 농도가 높은 알칼리성 온천으로 우리나라의 많은 약수인 탄산수의 화학 성분과 유사하다. 충북 중원 지역에 있는 능암탄산온천의 탄산온천이다. 이 같은 탄산온천은 냉탕에서 목욕을 하면 산뜻함을 느낀다. 류마티스, 두드러기에 효능이 있고 온천수를 마시면 만성위염, 통풍, 담석에 효능이 있다. 탄산 약수의 효능도 이와 유사하다.
- 방사능천: 라돈이나 토륨, 라듐 등이 산출되는 온천으로 라돈 기체는 피부, 호흡기 점막에 쉽게 침투 흡수되지만 목욕 후 금방 체내로 배출되어 방사능의 위험은 없다. 류마티스, 통풍, 당뇨병 등에 효능이 있다. 음용 요법과 온천욕법이 효과적이다. 북한의 황해도 안악온천은 라돈과 황화수소가 산출되는 방사능천이다.

6-1-3 온천 입욕시의 주의 사항

온천장에서 효능을 높이기 위하여 다음 몇 가지 사항을 지키는 것이 좋다.

1) 입욕시 먼저 온천수로 탕 밖에서 발을 적시고 다리부터 머리까지 점진적으로 온천수로 적셔서 몸을 온천수에 적응시켜 뇌빈혈을 방지하고 몸의 오염물을 사전 제거하여 온천탕의 청결을

유지한다.

2) 탕 내에서 몸을 담그고 손발이 따뜻하여지면 옆사람에게 지장을 주지 않게 천천히 가볍게 운동한다.

3) 땀을 많이 흘릴 정도로 탕 안에 너무 오래 머물지 않는 것이 좋다.

4) 선천적으로 피부가 약한 사람은 온천욕 직후 맑은 수돗물로 몸을 씻는 것이 좋다. 그렇지 않는 사람은 온천수를 그대로 말리는 것이 온천욕의 효능을 높일 수 있다.

5) 온천욕이 끝난 후에는 즉시 옷을 입어 체온 변화를 막아준다. 왜냐하면 온천욕 후에도 온천 작용이 몸에 계속 일어나고 있기 때문이다. 보통 한 시간 정도 휴식을 취하는 것이 좋다.

6) 저온탕, 온탕, 열탕으로 구분된 온천의 경우 저온탕에서 몸의 온도를 적응시켜가면서 점진적으로 열탕에 들어가는 것이 좋다.

7) 열탕에서 냉탕, 냉탕에서 열탕으로 급속한 전환 시에는 주의를 요한다.

8) 음용 가능한 온천의 경우 온천수를 한 컵 정도 마셔 체내 수분을 보충시키는 것이 좋다.

9) 온천 입욕시에는 절대로 타인에게 불쾌감을 주는 행동을 하지 말아야 하고 공동 온천 이용의 기본 예의를 반드시 지켜야 한다. 그리고 음용 요법시에는 아래와 같은 주의 사항을 반드시 따라야 한다.

1) 음용 온천으로 허가난 온천에서만 온천수를 마셔야 한다. 그러나 우리나라의 경우 음용 허가 사항이 공식적으로 알려져 있지

않으며 온천수의 음용 요법이 잘 알려져 있지 않기 때문에 지하 온천수가 유출되는 지점에서 탕까지 이동 · 저장되는 과정에 오염이나 수질 변화에 문제가 없는 온천에 한해서 음용하여야 한다.

2) 보통 온천수에는 각종 용존 이온 농도가 높으므로 너무 많은 양의 음용은 좋지 않다. 보통 크기의 컵 한 잔 정도가 좋다.

3) 철 이온 농도가 높은 철천으로 알려진 온천수를 마신 직후에는 커피나 차를 마시지 않는 것이 좋다. 우리나라 탄산약수에도 보통 철 이온 농도가 높은 경우가 많으므로 탄산약수를 마신 후에는 역시 커피나 차를 마시지 않는 것이 좋다.

4) 염화물천이나 탄산염천의 온천수는 식사 전에 마시는 것이 좋고 함철천, 방사능천의 온천수는 식사 후에 마시는 것이 좋다.

5) 취침 전에는 온천수를 다량 마시지 않는 것이 좋다. 특히 아래에 예시한 바와 같이 각종 질환을 앓고 있는 환자는 온천 요양 시 온천 요양 전문의의 상담을 미리 받아야 한다. 아직 우리나라에는 온천 요양 전문의가 없으므로 일반 의사의 상담을 받는 것이 좋다.

온천욕이 각종 질병 치유에 효능이 높지만 결핵, 암, 갑상선 질환 등 다음과 같은 질병을 치료 중에 있는 사람에게는 온천욕이 나쁘다. 특히 다음과 같은 질병을 앓고 있는 사람은 온천욕을 하지 않는 것이 좋다(안용팔, 1983).

1) 폐렴, 중이염, 유행성 감기, 간장염 등 급성 감염증 환자.

2) 장티푸스, 임질, 매독 등 전염병 환자.

3) 급성 피부염, 류마티스.

4) 악성종양, 결핵성 질환 환자.

5) 고혈압, 심부전증, 신부전증 환자.

6) 심한 정신병, 간질을 가진 환자.

7) 악성 빈혈, 심한 당뇨병 환자.

8) 분만 2개월 전·후의 임산부, 월경 중인 사람 등.

6-2 온천 문화

6-2-1 한국의 온천 문화

우리나라의 온천 문화는 대단히 오래 전에 시작되었다. 온천 발견 역사에서 보면 주로 전설이나 지명에서 많은 온천이 발견되었다. 예를 들면, 한국 고유의 길조인 학(鶴)이나 기이한 노루가 다친 상처를 치유한 장소라든가 선녀가 온천욕을 즐겼다든가 하는 전설이 깃든 온천이 많다. 우리나라 고문헌의 역사적 기록에 의하면 김부식의 『삼국사기(三國史記)』(仁宗)에 온양온천 기록을 시작으로 16종의 고문헌 속에 43곳의 온천이 기록되어 있다. 고문헌에 수록된 144회의 온천 이용이나 온천에 대한 기술이 남아 있다. 『고려사』(世宗~文宗)에 남한의 동래온천, 유성온천, 온양온천, 영산(부곡)온천, 평해온천, 북한의 평주온천, 백천, 이천, 고성, 신주, 성주온천 등의 이용 기록이 있다. 이회(尹淮)의 『세종실록지리지(世宗實錄地理志)』(世宗~端宗)와 노사신(盧思愼)의 『동국여지승람(東國與地勝覽)』

(成宗)에 동래,연풍, 유성, 덕산 등 25곳의 온천 이용 기록이 남아 있다. 온천 발견의 역사에서 보듯이 우리나라 온천의 이용 역사는 질병 치료의 장소로 시작되었다. 고대 농경 사회에 전통적인 한방 치료의 한 수단으로 온천이 활용되어왔다. 온천의 효능을 고대 선인들은 과학적으로 인식하고 각종 피부병, 만성 질환 치료에 이용해왔다. 왜냐하면 온천수에 용존하고 있는 이온의 특성에 따라 산성을 띠는 온천, 알칼리성 온천 등이 있는데 산성 온천의 경우 약산성이 살균 효과가 있어 피부염증 치료에 효과가 있고 눈병 치료라든가 각종 외상 치료에 효능을 경험적으로 전수받아 치료 목적에 널리 활용하였다. 선인들은 온천의 천질과 성인은 물론 구전에 의한 효능의 역사를 통찰하고 외상 치료 외에 음용 요법을 활용하여 각종 질병에 대처하여왔다. 그러나 한반도의 온천은 특정 지역에 분포하고 있어 그 혜택은 지극히 제한적으로 받아왔음에 틀림이 없다. 특히 왕실에서도 온천 요법을 활용하여왔다는 기록이 있다. 농경 사회에서 산업사회로 바뀌면서 온천의 활용은 질병 치유 목적보다 여가를 즐기는 휴식의 장소로 리허빌리테이션 목적으로 변천하였다. 온천 지역 시설 역시 고대에는 주로 탕치의 목적으로 온천 질병 치유 시설이었으나 점차 휴양지 시설로 바뀌게 되었다. 이는 근대 의학의 발전에 따른 의료 기술의 향상과 근대 서양 의료 기술의 도입과 전통적인 한방 의료 기술이 발전함으로 인하여 온천이 치료 목적으로 이용되는 경우가 크게 감소하였기 때문이다. 그러나 만성 질병의 치료나 병후 휴양의 목적으로는 여전히 이용되고 있다. 주택 개조와 함께 서양 문화가 도입되어 서양의 목욕탕 시설이나 목욕 문화가 대중화되어 가고 있다. 경제 성장과 함께 삶의 질이 향상됨에 따라 온천 문화는

휴양 외에 음식을 즐기는 외식문화로 여가를 이용한 휴식 공간, 또는 대기업의 연수 목적으로의 훈련장으로도 활용되므로 시설 역시 이에 부응하여 대형화, 기업화되었다. 우리나라의 경우 최근에는 토요휴무제에 따라 여가 활용, 휴식 공간, 친목을 위한 회합 장소, 연수장소 등으로 활용도가 높아가고 있다. 이에 따라 대도시 근교에 개발된 새로운 온천들이 늘어나고 있다. 과거의 전통적인 온천의 수는 남한에 16곳 정도였으나 지금의 휴양 시설을 갖춘 새로 개발된 온천의 수는 경제 성장에 맞추어 대도시 주변과 전국적으로 그 수가 수십여 곳으로 크게 증가하였다.

6-2-2 일본의 온천 문화

일본의 온천 이용의 역사는 신대(神代)까지 거슬러올라가 대단히 오래되었다. 옛날부터 물을 신성시하던 고대 일본인들에게는 미소기(みそぎ)라는 물로 더러운 몸과 마음을 청결케 닦는 종교적인 성스러운 의식이 있었다. 나라 시대에 온천에서 미소기를 행하였다는 기록이 있다. 농경 · 어업 중심이었던 고대 일본인들은 온천을 귀중한 천연 자원으로 뿐만 아니라 종교적으로는 미소기탕이나 유고리로 이용하였다. 우리나라에서와 같이 일본에서도 온천의 효능이 조수(鳥獸)가 온천에서 상처를 치유하였다는 전설이 많아 지금도 사슴온천탕, 학온천탕, 뱀탕 등의 명칭이 사용되고 있다. 탕치(湯治, 온천 치료)라는 문자의 기록은 헤이안(平安) 말기 1147년 후지와라(藤原)의 다이기(台記)라는 일기에 기록되어 있으며 온천을 대상으로 탕치라는 문자가 사용된 것은 무로마치(室町) 중기인 1459년 유다

온천(湯田溫泉)에 관한 문서에 기록되어 있다. 옛날부터 탕치라는 것은 휴양, 보양, 요양의 의미로 치료 의미뿐만 아니라 레크레이션으로도 사용되었다. 메이지(明治) 시대에 들어와 서양 의학이 도입되어 의학적 온천 치료 요법이 활용되었다. 메이지 시대 이후에는 온천이 탕치 장소로 뿐만 아니라 휴양, 보양, 관광 숙박 목적으로 이용되고 군비 증강 목적으로 군사 의학적 온천 요양 시설을 각지에 건축하였다. 2차 세계대전 후 온천은 국민 보건 휴양지에서 국제 관광지로 변화되기 시작하였다. 1956년 한국 전쟁 등에 힘입어 산업 경제가 발전하고 생활이 향상되면서 레저 산업으로 온천 지역이 관광지화되기 시작하였다. 최근에는 온천의 보양, 휴양, 요양의 3대 기능에서 벗어나 고령화 사회를 맞이하여 온천 지역을 그 지역의 역사, 문화, 풍토를 포함하여 건강 증진 시설과 공원 등을 포함한 새로운 스타일의 온천 휴양지로 건설하기 위해 추진하고 있다. 센토(공중목욕탕)의 역사는 무로마치 시대까지 거슬러 올라간다. 고도 교토(京都)에는 많은 고문화 유적이 남아 있으며 오래된 센토 역시 아직도 남아 있다. 센토의 역사는 오테라(절, 사원)에서 찾아볼 수 있다. 일본인들의 하루 일과는 센토에서 시작하여 센토에서 종료된다 하여도 과언이 아니다. 센토는 몸을 씻는 목욕탕으로서의 역할뿐만 아니라 심신의 휴식 공간으로 이용되어오고 있다. 과거 센토는 주민들의 정보 교환 장소로 이용되어왔으며 활력 에너지를 재생 · 공급하는 장소이기도 하였다. 우리나라의 목욕탕은 서구에서 도입된 것으로 화장실과 욕실이 같은 공간에 붙어 있으나 일본 가정의 목욕탕은 화장실과는 별도로 분리되어 있다. 이 같은 목욕 문화의 발달은 무더운 섬나라 일본의 기후와도 큰 관련이 있으리라 생각된다. 깨끗한 일본 목욕 문화를 느낄 수 있다. 또한 일본인들의 몸은 비교적 청결하여, 따뜻하게 데워진 탕을 온가족이 계속 사용하게 된다. 일본의 목욕 문화는 가정에서, 온천에서 특히 노텐부로(노천 야외 온천)에서도 느낄 수 있다. 야외 온천에서 느끼는 상쾌함은 온천욕을 즐기는 많은 사람들이 경험하였으리라 생각된다. 온천 목욕 후 "유가다" 차림으로 마시고 먹는 "오사케"와 저녁 식사는 그 맛을 돋우어준다. 우리나라의 목욕 문화의 발달은 대륙성 기후 때문으로 비교적 느리게 진행되었는지도 모른다. 옛날 전통적인 가옥에는 목욕탕이 구비되어 있지 않은 것이 보편적이었으며 대중탕(공중 목욕탕)이 활용되었다. 최근 아파트 문화로 구조가 바뀌면서 서구식 목욕 문화가 도입되었다. 그러나 욕탕과 화장실이 같은 공간에 배치되는 것보다는 화장실과 욕탕의 분리가 더욱 욕탕의 분위기를 돋우리라 생각된다.

6-2-3 일본의 온천

일본 열도는 태평양판과 필리핀판이 유라시아판 밑으로 섭입하여 들어가는 지질학적으로 판이 서로 마주치는 중요한 경계에 위치하고 있어 지진 활동, 화산 활동 등이 대단히 활발하고 빈번하다. 때문에 온천의 분포도 대단히 많다. 물론 화산 폭발이 현재에도 일어나고 있으며 지열류량이 대단히 높은 일부 지역에서는 지열발전까지 하고 있다. 우리나라의 경우 광산 갱 내에 들어가면 여름에는 시원하고 겨울에는 약간 훈훈한 정도이다. 그러나 저자가 방문한 홋카이도의 토요하 금광산의 경우 갱 내에서 암벽을 만져보니 바위가 뜨거웠다. 갱 내에서 겨울에도 광부들은 에어컨이 없으면 작업을 할 수 없는 환경을 실제 경험한 바 있다.

일본에는 3,893개소의 온천 지역이 알려져 있으며 원천수가 24,861개소이다(그림 6-1). 1948년에 제정된 일본의 온천법에는 25℃ 이상을 온천으로 정하고 있다. 온천법 제2조에 [지하에서 용출하는 온수, 광천수 및 수증기 기타의 가스(탄화수소를 주성분으로 하는 천연 가스 제외)로 표 6-1에 게재된 온도 또는 물질을 가진 것을 말한다]라고 규정하고 있다. 온도가 25℃ 이하라도 표 6-1의 물질 중 어느 하나라도 함유하고 있으면 온천이 된다. 다량의 고형물질 또는 가스상의 물질 아니면 특수한 물질을 함유한 물이 땅 속에서 용출되는 물을 광천(鑛泉)이라 한다. 그리고 광천 중에서 지표에 용출되었을 때의 온도가 25℃ 미만이면 냉광천이라 하고 25℃ 이상이면 온천이라 한다.

지질학적으로 일본의 온천은 열원이 주로 제4기 화산암류의 분포와 관련된 것으로 이와 관련되어 형성된 온천을 화산성 온천이라 한다. 다마가와온천(玉川溫泉), 하코네온천(相根溫泉), 벳부온천(別府溫泉), 나수온천(那須溫泉), 니세코야쿠시온천, 수카유온천(酸湯溫泉)들이 전형적인 화산성 온천에 속한다. 화산 활동과 무관한 지역에서 산출되는 온천을 비화산성 온천이라 한다. 아리마온천(有馬溫泉), 시라하마온천(白浜溫泉), 유다온천(湯田溫泉) 등이 이 유형에 속하고 있다. 온천의 온도는 24~120℃로 다양하며 고온 온천이 대단히 많다. 100℃ 이상의 온천이 너무나 많으며 일본 사람들은 고온의 온천욕을 즐기는 경우가 많다. 온천의 수가 워낙 많고 천질도 다양하여 간략히 소개하기는 어렵다. 온천 관련 안내 서적도 많으며 1939년에 온천과학회가 창립되었으며 『온천과학』이라는 연구 학회

표 6-1 일본의 온천법이 정한 온천수의 성분. 온천 수원지에서 채취할 때의 온도가 25℃ 이상이든가 다음에 게재한 물질 중 어느 하나의 물질이 만족되는 경우에 온천으로 한다.

물질명	함유량(1kg 중)
용존물질 (가스는 제외)	총량 1,000mg 이상
유리탄소 (CO_2)	250mg 이상
리튬 이온 (Li^+)	1mg 이상
스트론튬이온 (Sr^{2+})	10mg 이상
바륨이온 (Ba^{2+})	5mg 이상
철2가 또는 3가 이온 (Fe^{2+}, Fe^{3+})	10mg 이상
제1망간이온 (Mn^{2+})	10mg 이상
수소이온 (H^+)	1mg 이상
브롬이온 (Br^-)	5mg 이상
요드이온 (I^-)	1mg 이상
불소이온 (F^-)	2mg 이상
히드로비산이온 ($HAsO_4^-$)	1.3mg 이상
메타아비산 ($HAsO_2$)	1mg 이상
총 유황 (S) (HS^-, S_2O^{3+}, H_2S에 해당하는 것)	1mg 이상
메타붕산 (HBO_2)	5mg 이상
메타규산 ($HSiO_3$)	50mg 이상
중탄산나트륨 ($NaHCO_3$)	340mg 이상
라돈 (Rn)	100억분의 20큐리 이상
라듐염 (Ra로서)	1억분의 1mg 이상

지가 발간되어 온천 관련 연구가 대단히 활발하다. 1964년에 『일본의 온천(日本の溫泉)』이라는 단행본이 출판되었다. 실내온천뿐만 아니라 노천온천인 노텐부로(露天溫泉)가 전국적으로 대단히 많다. 대자연의 경관 속에서 즐기는 노텐부로 온천욕은 경험자가 아니면 그 참맛을 느끼기 어렵다. 온천이 류마티스 신경통에 효능이 큰 온

천, 위장병에 좋은 온천, 간장병, 뇌졸중, 고혈압, 빈혈 외상골절화상, 피부병, 부인병, 호흡기병, 당뇨병, 비만, 스트레스 등 각종 질병에 대하여 효능별로도 구분되어 있어 요양천으로도 크게 이용되고 있다. 특히 온천 지역마다 독특한 자연 경관에다 지방 특유의 별미인 요리와 식사를 즐길 수 있어 일본의 온천은 요양천으로서뿐만 아니라 휴양지로서도 대단히 인기가 높다. 1945년 제2차 세계대전 패망시 일본인의 평균 수명이 49.8세였으나 전후 50년 사이에 남성의 평균 수명이 76.4세, 여성은 82.8세(1996년 자료)로 세계적인 장수국가가 되었다. 이 이유를 일본인들의 매일 매일 하는 목욕 문화, 온천 문화 때문이라고도 하고 있다.

6-2-4 중국 화칭치온천

화칭치온천(華淸池 溫泉)을 리산웬챈(麗山溫泉, Lishanwenquan hot spring)이라고도 부른다. 3천여 년 전 서주시대부터 역대 왕들의 별장으로 이용되었다는 리산웬챈 또는 화칭치온천(華淸池溫泉, Huaqingchi hot spring)은 수온이 43℃이며 시간당 용출량은 113톤이다. 온천수의 화학 성분(단위 mg/l)은 K_2O 9.65, Na_2O 219.36, CaO 39.75, MgO 5.13, Cl- 160.21, SO_4^{2-} 217.99, CO_3 191.05이다. 중성 나트륨 온천으로 치료 효과가 크다. 6천여 년 전부터 주, 진, 한, 수, 당나라의 관공서가 여러 차례 개발하여 이용하여왔다. 중국의 2700여 곳의 온천 중에 개발이 가장 일찍이 이루어진 온천으로 이용 역사가 길고 문화적 의미가 가장 깊은 온천이다. 당나라 현종이 이곳에 화청궁을 짓고 양귀비와 진한 사랑을 나눈 곳이라 더욱 홍

미를 일으키고 있다. 화청궁 내에 들어서면 연못가에 버드나무와 석류나무가 늘어서 있어 자연의 미의 극치를 이루고 있다. 또한 중국식 정원으로 꾸며진 연못과 당대 미인 양귀비 조각상이 발길을 멈추게 한다. 통통하고 둥실하면서 매혹적인 상은 남성뿐만 아니라 여성의 마음을 움직이기에도 부족함이 없다. 양귀비가 하루에 15번 이상 목욕했다는 양귀비의 독탕, 혼탕 등 여러 탕들과 그녀가 머리를 말렸던 소수각(小樓閣)이 보존되어 있다. 중국의 대정변 시안사변 때 장개석이 화칭치 뒷산 여산(麗山)에서 체포 감금되었던 오간청(五間廳)도 잘 보존되어 있다. 역사적 인물인 현종과 양귀비가 이곳에서 비극적 종말을 맞았고 장개석이 감금되었던 곳인 이곳 화칭치온천은 중국의 당대의 권세가들의 운명과 그 역사를 같이한 곳이라 더욱 필자의 관심을 끌었다.

6-2-5 인도네시아 자바 섬의 시아터온천

시아터온천(Ciater hot spring)은 인도네시아 서부 자바 섬의 반둥에서 32km 거리 자동차로 45분 거리에 위치하고 있는 적도 지방에 있는 숲속의 온천이다. 온천은 탕쿠반 퍼라후(Tangkban Perahu) 산맥 해발 1150m 기슭에 위치하고 있으며 바나나 나무와 열대림에 둘러싸여 있다. 대규모 온천 휴양 시설이 갖추어져 있어 요양천으로 의료적 서비스를 받을 수 있다. 세계적으로 다양한 온천 중에서 열대 적도 지방에 위치한 온천으로 이곳 역시 지질학적으로는 판의 섭입과 관련된 화산 활동이 활발하여 온천에서 조금 떨어진 지역에는 커다란 화산 분화구에서 지금도 황화수소, 수증기가 솟아

오르고 있다. 온대 지방에 살고 있는 필자로서는 온천의 풍경이 이국적 · 이색적이었다. 온천수는 유황천으로 황산염($SO_4^{2})^-$농도가 336mg/*l*로 높은 편이다. 이같이 높은 농도의 황산염 온천은 우리의 몸을 가볍고 안락하게 해준다. 칼슘, 탄산 이온, 황산염 이온이 피부에 기포를 형성시켜 혈관 수축을 도와 혈액 순환을 증진시켜준다. 뜨거운 온도의 시아터온천은 근육 피로를 없애주고 신경을 안정시켜주며 호흡기 안정 효과를 향상시켜 상쾌함을 느끼게 한다. 노천온천탕 속에서 탐스러운 바나나 열매를 보면서 즐기는 온천욕은 잊을 수 없는 추억을 만들어준다. 온천수의 화학 성분(단위 mg/l)은 NH_4 6.68, Li 0.04, K 21.50, Na 28.0, Ca 51.70, Mg 20.70, Sr 0.11, Fe 17.50, Mn 1.40, Al 40.00, Zn 0.005, Cd 0.0002, Cu 0.0025, Pb 0.05, Cl 290.8, F 6.46, I 0.03, SO_4 336.5, HPO_4 4.9이다.

6-2-6 라돈 온천탕

라돈은 우라늄 계열의 방사성 동위원소가 붕괴하여 만들어진다. 예를 들면 ^{238}U, ^{235}U, ^{232}Th이 방사성 붕괴하여 ^{222}Rn, ^{219}Rn, ^{220}Rn의 동위원소가 만들어진다. 동위원소란 원자 번호는 같지만 중성자 수가 달라 질량수가 다른 원소를 말한다.

라돈은 비활성기체로 산소와 반응은 하지 않는 전하 0인 기체이다. 그럼에도 라돈은 물, 페놀, 토루엔과 반다왈스 결합에 의해 포접화합물(clathrate compounds)을 만든다. 라돈은 $Rn \cdot 6H_2O$ 형태의 수화합물을 만들기도 한다. 라돈은 고체이지만 인체에 흡수된다. 라돈은 온도를 350~400℃ 높이면 다시 방출된다. 그러나 반감기가

표 6-2 자연수에서 라듐(^{226}Ra)과 라돈(^{222}Rn)의 함량(Titayeva, 1994)

물의 종류	존재 지역	^{226}Ra g/l	^{222}Rn Em*
표면수	해양	$8\times10^{-14}\sim4.5\times10^{-11}$	0
	하천	$(0.25\sim4.2)\times10^{-12}$	0
퇴적암 내의 물	물의 유입이 심한 지역	$(1\sim6)\times10^{-12}$	1.0~50.0
산성화성암 내의 물	풍화표면의 물	$(1\sim7)\times10^{-12}$	10~400
	구조 심부단열대에서	$(2\sim9)\times10^{-12}$	8.0~400
우라늄 광산	유출된 물		
	산화대	$8\times10^{-12}\sim2\times10^{-9}$	50~5×10
	환원대	$(0.1\sim8)\times10^{-10}$	50~3×10

* 1 Em = 1×10^{-10}Ci/L이다.

^{222}Rn=27일, ^{220}Rn=5분, ^{219}Rn≒0.5분으로 짧기 때문에 짧은 기간만 존재하기 때문에 라돈 동위원소는 우라늄 계열의 모원소에 집적되어 토양이나 암석의 틈새에 쌓이게 된다. 토양이나 암석에서 유출된 라돈은 용해도가 크기 때문에 지하수나 온천수에 용존되어 이동된다. 따라서 우라늄 광물이나 우라늄 계열의 원소가 많이 함유된 화강암류로 이루어진 파쇄된 지역에서 용출되는 지하수나 온천수에는 라돈 함량이 높다(표 6-2 참고). 대기 중의 라돈 농도는 0.18pCi/L로 보고되어 있다. 대전 지역 지하수에서 라돈농도는 2600~9000pCi/L(김창규 외, 1994)로 높게 나타나고 있다. 보통 주택에서는 라돈 농도가 0.83~1.3pCi/L이다.

여기서 1 Ci=3.7×10^{10} Bg(라듐(^{226}Ra) 1g이 1초 동안 쪼개지는 횟수)이다.

표 6-3 방사성 핵종 붕괴시에 방출 에너지(Titayeva, 1994).

핵종	E(MeV)	E(MeV)
^{238}U	4.132 (~22%)	0.048
	4.180 (~78%)	–
^{226}Ra	4.589 (~5.7%)	0,188
	4.777 (94.3%)	–

1베크렐은 방사성 한 개가 1초에 그 핵을 한 번 튕겨나가는 것을 말한다.

이와 같은 방사성 동위원소는 붕괴 과정에서 방사성 에너지를 방출하게 된다(표 6-3 참고).

그러면 라돈탕은 왜 몸에 좋은가? 우리 인간이나 모든 동물은 물질대사 과정을 통하여 유기분자로 된 세포를 성장시키거나 새로운 세포를 만들기도 하여 생명체의 생장 조절, 생명체의 기능 유지를 하며 생명을 유지, 활성화시킨다. 때문에 유기분자로 이루어진 세포에서 유기분자의 결합력이 약한 경우 방사성 에너지가 이 결합을 파괴시키기도 하고 세포 내의 물과 유기분자를 자극시켜 새로운 물질을 만들기도 한다(주승환, 제원복, 1995). 이처럼 방사성 에너지가 세포 내의 유기분자에 직접 또는 간접으로 작용하여 세포의 성장이나 세포의 기능을 조절하게 된다. 방사성 에너지가 세포의 기능 조절에 영향을 준다. 만약 인체 내에 세포 기능 억제를 필요로 하는 비정상 세포에 작용하여 세포 기능을 활성화시키거나 비정상 세포를 제거하게 된다면 체내의 질병 치유에 크게 효과를 얻게 될 것이다. 즉 자연 방사성 치료 요법이 되는 것이다.

또 한편 역기능으로 정상 세포의 기능을 장해하거나 정지시킬 경우 정상 세포가 죽어 없어지는 대신 암과 같은 비정상 세포의 증식을 유도할 수도 있을 것이다. 이 같은 사실은 우라늄 광산 근로자나 고농도의 라돈에 노출된 사람이 폐암 발생 비율이 높은 사실에서도 입증되고 있다. 때문에 우리 생활 환경에서 자연적으로 또는 인공적으로 발생되는 라돈 농도에 높은 관심을 가지게 된다.

방사성에 노출된 사람의 경우 암으로 사망할 가능성이 높은 사실이 잘 알려져 있다.

라돈탕의 경우에도 온천욕을 즐기는 개개인의 인체 구조와 특성에 따라 병을 치유할 수도 병을 얻을 수도 있다는 것을 생각해보아야 할 것이다. 라돈에 장시간의 노출은 건강에 이롭지 못한 경우가 많은 것으로 알려져 있다.

6-2-7 점토 온천욕

점토 마사지, 점토 미용뿐만 아니라 점토 온천, 점토 목욕을 예로부터 즐겨오고 있다. 점토 온천이나 점토 목욕은 물이나 물에 용존하고 있는 양이온이나 음이온의 피부에 주는 효과보다 현저히 다른 또 다른 영향을 준다.

즉, 점토 온천은 물의 온도가 인체에 주는 감각보다 점토수(粘土水)가 인체에 주는 온도 효과가 지속성이 길다는 점이다. 또한 점토탕은 보통 온천수에서보다 피부에 주는 마찰 촉감이 다르다. 또한 점토 입자 자체의 열전도도 및 물리적 특성 차이로 피부에 주는 자극이 물에서와는 다르며 미용 효과도 크다. 특히 점토광물 중 나트륨형 몬모리로나이트 광물을 다량 함유한 점토온천은 아토피성 피부

염을 가진 사람이나 피부에 알레르기성 반응이 나타나는 민감한 사람에게 유효한 것으로 알려지고 있다. 아토피라는 말은 희랍어에서 나온 말로 이상한 병이라는 뜻이다. 천식, 건초열, 알레르기 비염, 급성 두드러기, 습진, 아토피성 피부염 등 면역학적 과민 반응을 동반한 여러 질환을 통칭하는 말이다. 자석에 철가루가 부착되듯이 나트륨형 몬모리로나이트 광물은 강한 화학적 활성으로 노폐물을 강하게 흡착하여 피부를 청결하게 할 뿐만 아니라 피부의 생체 신진대사를 촉진시킨다. 사람의 피부의 표피에서 지방, 단백질 등의 분해물인 노폐물이나 조직액, 세균 등이 다량 흡착되어 있다. 따라서 피부 외상환자에 효과가 크다. 다음과 같이 피부 세포의 세균을 제거시키게 된다.

$$aA + bB = AaBb$$

나트륨형 몬모리로나이트 + 세균 세포 ⇔ 세균세포 몬모리로나이트

예를 들어 아미노산 흡착 실험 결과를 보면 pH와 아미노산 분자의 종류에 따라 흡착 정도가 다르다.

치료제용 점토(Therapeutic muds)가 심장, 정신계, 류마티스 치료에 사용된 기록이 있다. 여기서 점토는 흡착 효과 외에 점토에 포함된 기타 물질 황화물, 방사성 물질, 전해질 물질 등이 온천 치료에 효과가 있음을 지적하고 있다. 우리의 생명의 기원이 점토에서 유래하였으며 점토의 형태로 생을 마감하는 인간에게 점토는 영원한 향수의 대상이기도 하여 환경 친화형 물질을 이용한 점토 온천욕은 더욱 편안함을 느낄 수 있게 한다.

또한 클레오파트라의 점토 온천 마사지로 잘 알려진 점토 마사지

와 머드팩(mud face pack) 미용은 고대 로마, 희랍 시대부터 널리 보급되어왔으며 절세 미인인 클레오파트라도 이집트 나일 강의 비옥한 점토뻘에서 팩 미용을 즐겼다고 전해지고 있다. 점토 팩 미용이나 도론코 미용에 사용되는 원료인 산성백토 점토광물인 몬모리로나이트(montmorillonite)가 피부 표면에 부착된 지방, 단백질 또는 이들이 분해된 물질과 같은 노폐물에 흡착력이 강하여 이들을 피부에 바르면 이들 노폐물을 흡착하여 피부를 청결하게 하여준다.

도론코 미용이란 산성백토+물+올리브유를 섞어 만든 점토를 피부에 바르고 적외선을 쪼여 건조시킨 후 따뜻한 물로 씻는 미용법으로 여성들뿐만 아니라 남성들에게도 널리 이용되고 있다.

보통 인간의 피부는 수소 이온 농도(pH)가 약산성을 띠기 때문에 많은 점토 광물 중에서도 산성을 띠는 산성 백토인 몬모리로나이트 점토광물이 많이 이용된다.

또한 자연의 점토뻘층 내에는 다양한 점토 광물과 미량 원소가 함유되어 있어 피부에 적절한 자극을 주거나 피부를 통하여 피부나 인체에 유용한 미량 원소를 흡수하게 되어 피부의 영양 공급과 탄력성을 증가시키기도 한다. 오늘날 많은 사람들은 미를 추구하기 위해 눈썹 화장을 한다. 원래 이집트에서는 작열하는 태양 광선으로부터 눈을 보호하기 위하여 녹색 눈섭화장을 하였다. 클레오파트라가 사용한 이 녹색 안료는 사이프러스산 공작석〔$Cu_2(OH)_2(CO_3)$〕광물이다. 공작석은 구리(Cu)의 산화물로 $2Cu+H_2O+CO_2 \rightleftharpoons Cu_2(OH)_2(CO_3)$에서 침전된 아름다운 녹색 광물이다. 공작석 광물은 구리 광산 갱내수가 흐르는 지역에 침전된 것을 쉽게 관찰할 수 있다.

6-2-8 맥반석

"맥반석" 이라는 암석이 최근 사우나, 한증막, 찜질방, 한약재, 화장품 원료로 널리 사용되고 있다. 과연 맥반석의 정체는 무엇인가? 맥반석이라는 암석명은 지질학, 암석학에도 없는 기이한 암석이다. 왜 맥반석인가? 맥반석의 유래는 중국의학대사전, 동양의학대사전, 본초휘정요(中國醫學大辭典, 東洋醫學大辭典, 本草彙精要)에서 찾아 볼 수 있다. 중국 의학 대사전에 의하면 맥반석(麥飯石)은 다음과 같이 기술되어 있다(그림 6-1 참고).

「형태」산계곡에서 산출되고 크기가 일정하지 않으며 쥐면 주먹만한 크기이다. 황백색이고 형태는 보리밥 같기도 하고 좁쌀 같기도 하고 주먹이나 계란 같기도 하고 큰 주발 같기도 하다. 온도를 잘 전달하고 독이 없다. 악성종기와 등창 치료에 좋으며 이 맥반석은 흰색일수록 좋다.

맥반석은 『본초강목(本草綱目)』에서 그 성질이 감온무독(甘溫無毒)하며 옹(癰), 저종(疽腫)에 탁효(卓効)할 뿐만 아니라 일체의 옹저(癰疽)에 효과가 있으며 약석으로 평가를 받고 있다. 이의 분말은 약품, 화장품, 청량 음료에도 사용된다고 한다. 맥반석이라고 불리는 암석은 암석명이 아니고 전통 한의학에서 불러오던 하나의 명칭이다. 맥반석으로 알려진 암석은 실제로 장석반암, 반상 화강암 종류의 암석이다. 장석반암이나 반상화강암은 모두 화성암으로 마그마의 냉각 과정에서 형성된 조립질, 반정질 암석이다. 이들 암석에는 공통적으로 크고 작은 장석 결정의 반정상으로 많이 들어 있다. 주로 분홍색 장석인 알칼리장석, 칼리장석에 해당되는 광물이다. 순

【麥飯石】形態產山溪中。大小不等。握聚一團。色黃白。
形如麥飯。或如豆如米。或如拳如鵝卵如碗大。性質
甘溫無毒。功用治一切癰疽。發背。雜論此物以色白
者良。

그림 6-1 맥반석 원문

수한 정장석은 화학 성분이 $KAlSi_3O_8$이다. 즉 칼륨을 가진 장석으로 약간의 고온에도 안정한 광물이다. 이 같은 장석의 용도는 주로 고령토, 석영과 함께 도자기 제조 원료의 일부로 사용된다. 가열시켰을 때 고온에서 장석은 용융되어 도자기 표면을 미끄럽게 하는 데 사용된다. 유리 제조 시에도 소량은 사용된다. 아마존스톤과 같은 연한 녹색장석은 보석용으로 사용되기도 한다. 그러면 반상 화강암이나 장석반암에서 왜 신비한 약의 효능을 옛날 중국인은 추론 · 예시하였을까? 과학적으로 실험적으로 입증된 바는 없다. 그러나 장석 광물은 석영, 운모와 같은 기타 조암광물에 비해 흡습성이 다소 높으며 변질과 풍화를 받기 쉬운 광물이다. 따라서 이들은 화장품 원료로 사용시에 흡습 효과를 볼 수 있다. 한증막이나 사우나에서 이들 암석을 고온으로 가열시켰을 때 나트륨이나 칼륨 이온이 방출된다. 칼륨은 방사성 동위원소이기 때문에 반감기는 길지만 고온에서 극소량이나마 방사성 붕괴가 일어난다. 화성암체에 보편적으로 다량 함유된 우라늄 계열의 방사성 원소에서 라돈(Rn) 동위원소가 다량 방출되어 가스 형태로나 용해된 상태로 존재할 수도 있다. 이 같은 방사성이 인체에 그 어떤 작용을 미칠 것인가에 대한 가능성을 생각해볼 수 있을 것 같다. 반상 화강암 내에 기타 광물로 사장석과 운모류가 가열되었을 때 광물 구조학적, 광물화학적 변화가 일어날 수도 있다. 그러나 이들 암석과 광물이 인체에 미치는 임상적 효과는 전혀 알려져 있지 않다.

6-2-9 해수 온천탕

해수탕은 해수온천탕을 말한다. 해수온천탕은 뜨거운 바닷물에서 즐기는 온천욕이다. 물론 온천의 위치가 해안에 인접해 있어 자연적으로 해수가 유입되는 해수 온천도 있다. 남한의 해운대온천과 북한 해주의 옹진온천(구 마산온천)과 연안온천이 해수가 지하로 유입되어 자연적으로 만들어진 소위 천연 해수온천탕에 해당된다. 특히 북한의 마산온천은 수온도 102℃ 정도로 한반도에서 가장 온도가 높은 온천으로 알려져 있다.

해수온천탕은 해수의 수질, 화학 성분의 특징 때문에 기타의 온천과는 온천욕의 기분과 효능이 다르다. 그러면, 먼저 해수의 수질 특성에 대하여 알아보자.

해수의 밀도는 1.03g/cm^3(염분 35‰, 0℃에서)이다. 염분은 해수에 녹아 있는 물질의 농도의 총합을 염분(salinity)이라 하며, 해수 1kg 중의 그램 수 ‰(퍼밀, 천분율)로 표시한다. 해수는 pH=8.2 내외로 약알칼리성이며 이온 강도는 0.72이다. 해수 1kg 중에는 약 35g의 염분을 함유하고 있으며 그 중 99.8%가 Cl, Na, S(SO_4^{2-}), Mg, Ca, K의 6성분이 차지하고 있다. 이들 원소 중 Na, Mg, Ca, K, Sr은 지각의 암석의 주요 구성 성분으로 암석에서 녹아들어온 것이고 Cl, S, Br은 화산 분출 가스에서 유입된 것이다. 해수 중에 이들 성분은 평균 정체 시간이 107년 이상으로 대단히 길기 때문에 하천에 의한 유입이나 증발에 의해 농도가 다소 변하여도 비교적 화학 성분이 균질하게 유지되고 있다.

해수에는 주요 6대 주성분 외에도 90여 종류의 다양한 미량 원소가 존재하고 있다. 특히 해수 중에 존재하는 성분은 유기 금속화합물, 착화합물 형태, 입자 상태 등 용존 화학 종의 존재 형식이 다양하다. 해수탕 온천욕은 이처럼 다양한 형태로 존재하는 다양한 미량 원소가 직 · 간접적으로 피부로 소량 흡수되어 인체의 기능을 향상시키게 된다. 그리고 주요 6대 원소들이 고온이 되면 보통 성분인 담수형 온천에서보다 피부에 주는 자극이 강하여 혈액 순환을 촉진시키기도 한다. 해수의 높은 염분도는 우리 인체의 염분도에도 영향을 주어 인체의 활력을 주게 된다. 생명의 기원이 바다에서 탄생하였을 것이라는 인간의 동경과 특수한 해수의 화학 성분이 해수 온천욕의 효능을 증대시키고 있다. 해수의 화학 성분과 혈청의 화학 성분의 유사성이 조사되어 있다. 그래서 생명의 기원을 바다로 추정하는 학자도 있다. 이와 같은 해수 화학 성분의 인체 친화적인 화학 조성이 해수탕 온천욕의 효능을 암시해주고 있는지 모른다.

6-2-10 심해저의 온천

심해저 온천이라 하여 바닷속 깊은 곳에서 온천욕을 할 수 있는 지역을 의미하지는 않는다. 다음처럼 심해저에서 뜨거운 증기와 가스가 용출되고 있다는 것을 말한다.

대서양 중앙해령 부근 3640m 심부에서 거대한 열수 기둥이 솟구쳐나오는 것이 해저 탐사선에 의해 발견되었다. 세계적으로 판이 갈라지는 중앙해령 부근 해저 20여 곳에서 해저 열수가 분출되고 있음이 조사되었다. 열수의 기둥이 검은색인 블랙스모커(black smoker)와 흰 열수 기둥인 화이트스모커(white smoker)가 알려져 있다. 보통 온도는 350~400℃ 정도이다.

심해저 온천은 수심 수백 미터에서 수천 미터 깊이에 위치하기 때문에 우리 인류가 현재 활용할 수 있는 단계에 있지는 않다. 수압도 수십~수백 기압이 되기 때문에 우리 인류가 직접 쉽게 내려가 볼 수도 없는 지역이다. 그래서 무인 탐사선 로봇이 근접해서 조사하였다. 심해저 온천 지역에는 희귀한 해양 생물이 서식하고 있다. 동태평양 중앙해령 부근(북위 21°)에서 길이 20~30cm의 이매패와 새우, 게 등의 해양 생물이 카메라에 잡혔다. 이런 이유에서 지구 초기에 생명이 바다에서 탄생하였을 가능성이 많이 제기되고 있다.

그러나 1970년대 초 미국의 노벨 과학자 클릭 씨는 지구의 생명의 씨앗은 지구 외 행성에서 미생물을 의도적으로 지구에 보내 지구에 생명을 탄생시켰다고 주장하였다. 그 이유 중의 하나는 지구상에는 6A족 천이금속원소 중 몰리브덴보다 크롬이 다량 존재함에도 불구하고 생명은 크롬보다 몰리브덴을 더 선호·이용하고 있다는 사실 때문이라고 설명하고 있다. 즉, 지구상의 생명은 크롬이 다량 함유된 다른 천체에서 탄생된 증거라는 것이다. 생명의 원소 요구도가 지구상의 원소 존재도가 아니고 지구의 해수의 원소 존재도와 상관성이 높은 사실이 또한 조사되었다. 해수에는 크롬보다 몰리브덴 농도가 높으며 몰리브덴 외에 생물의 필수 원소는 철, 아연인데 이 역시 해수 중에 농도가 높다. 그리고 해수의 성분과 인간의 혈청의 화학 성분과의 유사성도 제안한 바 있다. 생명의 탄생지는 바다란 의미인가? 지구의 생명이 바다에서 탄생하였다면 재료 물질인 단백질과 핵산과 같은 유기2분자 유기화합물이 어디서 어떻게 생성되었을까?

1953년 미국의 화학자 밀러는 원시 지구의 환원성 대기인 메탄, 암모니아, 수소, 수증기의 혼합 기체를 방전시켜 아미노산을 합성하는 데 성공하였다. 그러나 최초 원시 지구 대기는 보다 산화적으로 CO, CO_2, N, H_2O가 주성분이었던 것으로 생각이 바뀌었다. 일산화탄소와 이산화탄소를 재료 물질로 사용한 전기 방전에서는 아미노산이 생성되지 않았다. 그러나 우주선의 양자선을 위의 혼합기체에 조사시킨 결과 아미노산이 생성되었다. 운석에서 유기물 화석 발견이라든가 탄소질콘드라이트, 전파망원경에 의한 관측 등에서 보듯이 유기물은 지구 바깥의 외계에서 만들어져 원시 바다에 떨어졌거나 원시 대기 중에서 합성되었을 가능성이 대단히 크다. 만일 지구에서 생명체가 발생하였다면 바다가 유력시된다. 해저 온천 지역이 원시 유기물의 합성환경과 유사한 환원적 환경이며 반응에 필요한

에너지가 공급될 수 있고 반응의 촉매 역할을 할 수 있는 천이금속 이온 농도가 높기 때문에 생명의 탄생 지역으로 유망하게 지목되고 있다. 지질학자들은 이 지역을 금속광상 생성 과정 연구의 대상지로 크게 관심을 가지고 연구에 임하고 있기도 하다.

6-2-11 물의 기원

지구상의 물은 적어도 40억 년 이전에 형성되었다. 46억 년 전 지구 탄생 이후 초기 뜨거운 지구에서 바다가 형성되기 전 뜨거운 지구 표면에는 원시 지구 대기의 주성분인 수증기(H_2O)와 메탄(CH_4), 암모니아(NH_3) 등이 존재하고 있었다. 원시 지구가 식으면서 수증기압의 변화와 함께 뜨거운 수증기에서 액체 상태인 물이 응축하기 시작하여 뜨거운 원시 해양인 마그마오션(magma ocean)을 만들게 되었다.

물은 기체 상태인 수증기, 액체 상태인 물, 고체 상태인 얼음의 3종류 상(相)으로 되어 있다. 지구상의 많은 생물은 생명 유지를 위해 액체 상태의 물을 이용하고 있다. 사람은 보통 하루에 2.5*l*의 물을 섭취한다. 이것은 생명 유지를 위해 체외에서 섭취하는 물의 양이다. 체내에서는 약 180*l* 물을 반복 재생하면서 사용하고 있다. 인체의 전체 수분량은 어른의 경우 60% 정도이다. 이 양은 연령에 따라 달라 신생아는 80% 정도 물로 되어 있다.

식물이나 동물의 세포 내의 결합수의 형태로 존재하는 물의 운동이 생명 현상 유지에 대단히 중요하다. 생명의 기본 최소 단위인 세포에는 단백질, 핵산, 당질 등의 생체 고분자와 지질 그리고 각종 이온들이 포함되어 있어 그 구조가 복잡하다. 세포 내의 물분자는 끊임없이 운동하여 생명을 유지한다. 생체 고분자의 결합 수는 −196℃에서도 얼지 않는다. 그러나 세포 내의 80%의 물은 순수에 비하여 열 운동이 느려 −15℃ 정도에서 얼게 된다. 세포를 이 온도 이하로 낮추면 세포 내 물분자가 얼어 세포가 파괴된다. 때문에 낮은 온도에서도 생물은 생존하게 된다. 세포 내의 물의 구조화가 생명 반응을 억제하기도 하여 세포 내의 물 운동이 생물의 생장과 밀접하게 관련되어 있다. 상대 습도가 낮은 환경으로 변해 생체 고분자 내의 결합수의 양이 감소하게 되면 DNA나 단백질 등의 생체고분자의 콘포메이션이 비가역적으로 변화하여 물을 추가하여도 원상태의 콘포메이션으로 되돌아가지 못한다. 즉, 죽음을 의미한다. 식물이 시들어 죽는다든지 탈수 현상이 정도가 지나치면 죽음에 이르게 되는 것도 이 때문이다.

때문에 이럴 때에 어떤 생물은 휴면 또는 동면의 길을 택한다. 곤충의 경우 인공(人工)의 유충은 −10℃가 되면 글리세린이나 소르비토르의 양이 체내에 급증하여 체내의 물이 감소한다. 만약 탈수만이 계속 일어난다면 생체 고분자는 비가역적인 콘포메이션만을 일으켜 죽게 되지만 글리세린의 농후용액은 −190℃에도 얼지 않으며 소르비토르는 글루코즈와 같이 생체 고분자의 고차 구조를 안정화시키는 기능을 가지고 있다. 때문에 어떤 곤충 세포 내의 물 구조화를 높여 고분자 상태의 생체 탈수화를 막아 혹독한 환경에서도 생존할 수 있게 하기도 한다.

우리 인체 내의 생체 고분자의 결합수는 호르몬 작용에 의해 어느 정도의 혹독한 환경까지 견디게 하기도 한다. 생체 내의 물의 역할의 중요성은 설명할 필요도 없다. 생명 유지에 있어서 물의 중요성은 물의 쌍극자 효과에 의해 많은 종류의 물질을 녹이는 데 있다. 즉, 유해한 물질을 녹이는 장점이 있다. 세포 내에는 각종 나트륨과 칼륨이온과 같은 이온이 함유되어 세포의 기능을 활성화시키고 있다. 때문에 이와 같은 생체 내에 필요한 이온이 보통의 음료수에 포함되어 있지만 온천수나 광천수(약수)에는 특정 이온 농도가 높아 이들 이온의 섭취 효과를 증가시킨다.

제7장 탄산 약수

7-1 한반도의 탄산 약수의 분포

한반도의 탄산 약수는 지리적으로 편중되어 분포하고 있다. 한반도 전체 90개소의 탄산 약수터가 보고되어 있다. 그중 남한에 50개소, 북한에 37개소가 알려져 있다. 남한의 경우 강원도 지역(12곳), 경상북도 지역(16곳), 충청 지역(3곳)에 밀집 분포하고 있으며 경상남도와 전라남북도 지역에는 거의 분포하지 않고 있다. 북한 지역의 경우 37개소 분포 지역 중 자강도(15곳), 평안북도(13곳), 강원도(5곳) 등으로 지역적으로 편중 분포하고 있다. 이 같은 현상은 탄산수의 용출과 한반도의 기반암의 지질의 특성을 잘 반영하고 있다. 탄산 약수가 밀집 분포하고 있는 강원도 지역의 경우 대부분의 탄산수가 선캄브리아기의 편마암류와 쥐라기의 화강암체가 접촉하고 있는 지역이거나 화강암체 내에 분포하고 있다(그림 7-1 참고). 또한 경상북도 지역의 경우에도 탄산수는 선캄브리아기의 기반암과 화강암과의

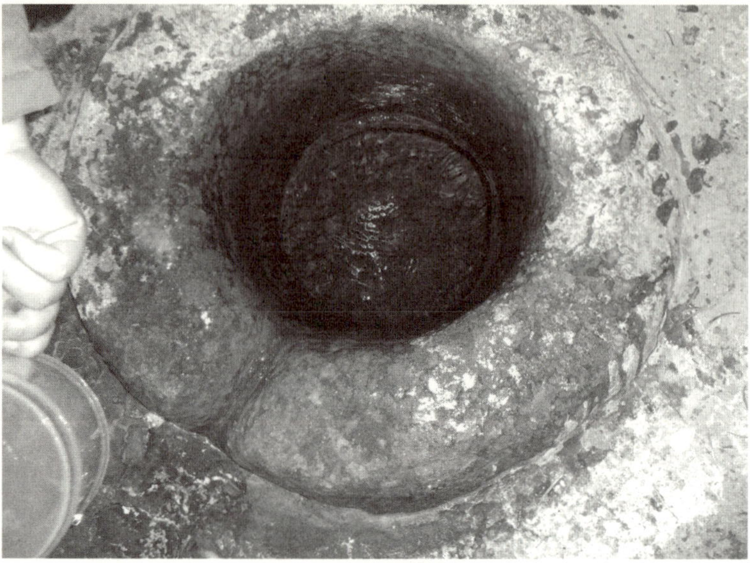

그림 7-1 강원도 신약수 탄산수가 화강암암반 균열을 따라 용출되고 있다.

접촉대 지역, 경상누층군의 중생대 퇴적암층과 중생대 화강암체와의 경계부에서 주로 산출되고 있다. 특히 선캄브리아기의 기반암이 중요한 관련 암체로 추정된다. 충청 지역은 중생대 화강암체 내나 화강암체와 밀접하게 관련되어 산출되고 있다. 대부분 탄산수의 산출은 단층이나 파쇄대와 같은 지질 구조와도 밀접하게 관계되어 구조선을 따라 주로 탄산수가 상승하고 있다. 이 같은 사실은 구조선을 따라 지하 대수층에 유입된 순환수가 지하의 암석이나 탄산염 광물과 반응하여 탄산 이온의 농도가 높은 탄산수를 형성한 것으로 보인다.

북한의 경우 자강도와 평안북도에 편중 분포하며 이 지역은 선캄브리아기의 변성암을 기반으로 하고 있다. 지역의 지질은 선캄브리아기의 낭림변성암대 지역으로 주로 편마암, 편암 등의 변성암 복합체로 구성되어 있다.

7-1-1 남한의 탄산 약수 분포

남한에는 50여 곳의 탄산 약수 산출 지역이 알려져 있다(그림 7-2 참고). 탄산 약수가 밀집 · 분포하는 지역은 지리적으로 강원도 지역과 경상도 지역, 충청도 지역이다. 강원도 지역에는 남전약수, 방동약수, 방아다리약수, 갈천약수, 오색약수, 추곡약수, 후곡약수 등이 알려져 있다. 경상도 지역에는 신촌약수, 달기약수, 오전약수, 두내약수, 우곡약수, 마랑두들약수, 방가골약수 등이 분포하고 있다. 그리고 충청도 지역에는 초정약수, 부강약수, 명암약수 등이 잘 알려져 있다. 고문서인 대동야승(大東野乘) 제2권 『용제총화(慵齊叢話)』에서 "청주에는 초수가 있는데 물은 따뜻하지 않으나 그 냄새가 후추와 같아서 이 물로 씻으면 안질이 잘 낫는다고 사람들이 말하였다"라는 기록은 탄산 약수를 의미하고 있다.

남한의 화강암의 분포와 탄산약수의 분포도 그림 7-3에서 보면 지질학적으로는 강원도 지역의 약수는 선캄브리아기 변성암체와 쥐라기 화강암체내나 변성암체와의 접촉대 지역에서 용출되고 있다(그림 7-4 참고). 경상도 지역에는 경상퇴적분지 내의 중생대 퇴적암류와 백악기 화강암류와 화산암류 지역에서 탄산약수가 용출되고 있다. 경상퇴적 분지 내에서도 지표에는 노출되어 있지 않지만 퇴적암층 하부에 있는 선캄브리아기의 기반암이 탄산수의 형성과 관련이 있을 것으로 추정된다. 그 한 예로 경상북도 청송 달기 약수(그림 7-5 참고)의 탄산수 용출지역은 백악기 화강암체와 시대미상의 미그마타이트질 변성암체와의 접촉부에서 용출되고 있다. 그리고 충청도 지역의 탄산약수는 옥천 변성퇴적암대 지역과 화강암체 지역에

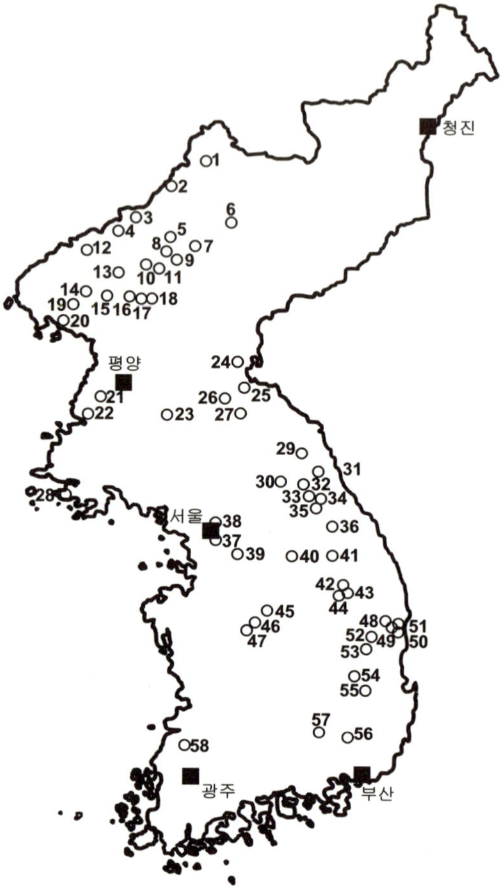

그림 7-2 한반도 탄산수의 분포도. 탄산수는 남한에서는 강원도 지역의 선캄브리아기 변성암체와 쥐라기 화강암체내나 접촉대, 또는 변성암체 내에 다수 분포하고 있으며 경상북도 지역에도 경상계 퇴적암층과 백악기 화성암체와 관련된 지역에 다수 분포하고 있다. 한편 북한에는 자강도와 평안북도의 선캄브리아기의 변성암체와 화강암체 주변에 다수 분포하고 있다. 1. 리평약수, 2. 외귀약수, 3.치열약수, 4.논사골 약수, 5. 신적약수, 6. 운수리약수, 7. 여침약수, 8. 청량약수, 9. 아령성약수, 10. 정아주약수, 11. 모두미약수, 12. 장성중리약수, 13. 느저리약수, 14. 청진약수, 15. 소니골약수, 16. 우제약수, 17. 신흥약수, 18. 어비약수, 19. 옥호동약수, 20. 싸근동약수, 21. 강서약수, 22. 검산약수, 23. 수천약수, 24. 룡담약수, 25. 석왕사약수, 26. 로탄약수, 27. 삼봉약수, 28. 한동약수(1~28 북한에 분포), 29. 후곡약수, 30. 추곡약수, 31.오색약수, 32. 남전약수, 33. 방동약수, 34. 갈천약수, 35. 삼봉약수, 36. 방아다리약수, 37. 암사동약수, 38. 백령사약수, 39. 천진암약수, 40. 현충탑약수, 41. 신약수, 42. 오전약수, 43. 둔내약수, 44. 우곡약수, 45. 초정약수, 46. 명암약수, 47. 부강약수, 48. 마당두들약수, 49. 반가골약수, 50. 위정약수, 51. 가산약수, 52. 신촌약수, 53. 달기약수, 54. 신안약수, 55. 황수탕약수, 56. 용정약수, 57. 함백산약수, 58. 석정약수(29~58은 남한에 분포하는 약수).

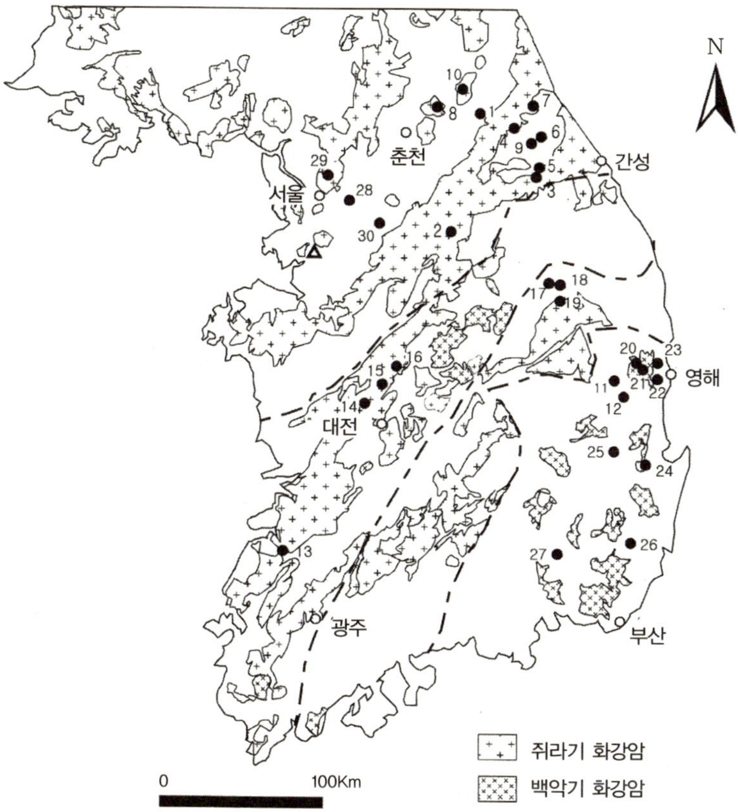

그림 7-3 남한의 중생대 화강암류 분포와 탄산수 분포도.
(1. 남전약수, 2. 현충탑, 2. 신약수, 4. 방동약수, 5. 방아다리약수, 6. 갈천약수, 7. 오색약수, 8. 추곡약수, 9. 삼봉약수, 10. 후곡약수, 11. 신촌약수, 12. 달기약수, 13. 석정약수, 14. 부강약수, 15. 명암약수, 16. 조형약수, 17. 오전약수, 18. 둔내약수, 19. 유곡약수, 20. 마당두들약수, 21. 방아골약수, 22. 위정약수, 23. 가산약수, 24. 황수탕약수, 25. 신안약수, 26. 영정약수, 27. 함백산약수, 28. 암사동, 29. 백련사, 30. 천전암약수)

서 산출되고 있다. 남한의 각 지역의 탄산수의 수질 특성은 부록 3과 같다.

그림 7-4 강원도 송천 약수. 화강암체에 발달하고 있는 단층대를 따라 탄산수가 용출하고 있다.

7-1-2 북한의 탄산 약수 분포

북한 지역에는 37곳의 탄산 약수터가 알려져 있다(그림 7-2 참고). 탄산수용출지가 가장 많이 밀집 분포하고 있는 지역이 자강도(15곳)와 평안북도(13곳)이다. 그 외 강원도 5곳, 황해남도 4곳, 평안남도 2곳, 황해북도 1곳이다. 탄산수의 탄소의 기원은 밝혀져 있지 않지만 탄산수의 분포지역은 남한에서와 유사하게 주로 그 지역의 지질을 잘 반영하고 있다. 즉 탄산수 용출은 주로 화강암 관입이 수반된 선캄브리아기의 변성암 지역의 지질과 밀접히 관련되어 있다.

평안북도 자강도 지역 역시 시생대와 원생대의 변성암체 지역에서 탄산약수가 용출되고 있다. 원산 부근의 강원도 지역의 탄산 약

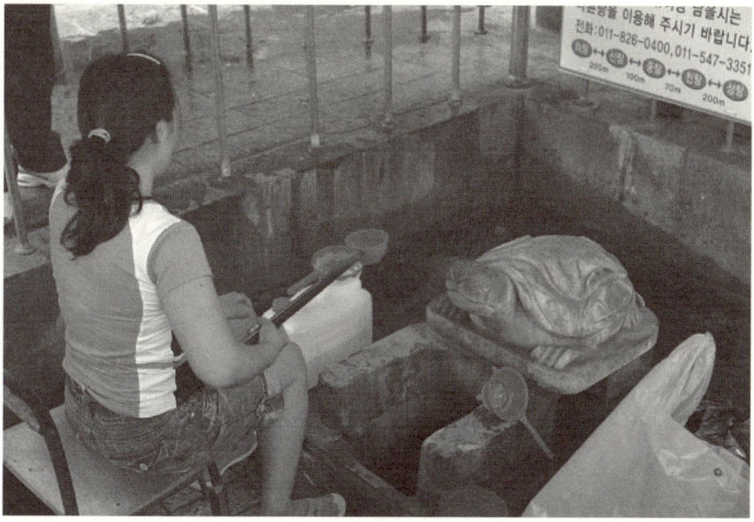

그림 7-5 경상북도 청송 달기 약수의 탄산수 용출지역, 백악기 화강암체와 시대미상의 미그마타이트질 변성암체의 접촉부에서 철이온 농도가 높은 탄산수가 용출되고 있다.

수 역시 선캄브리아기 변성암 지역이다. 이와 같은 분포의 지질학적 특성은 남한의 강원도와 경상북도 지역, 충청도 지역에서의 탄산 약수 분포의 지질 특성과도 유사하다. 탄산 약수는 변성암체 내에서나 변성암체와 화강암체의 접촉부 지역에서 다수 산출되고 있다. 탄산 약수 중의 탄산염이온(HCO_3^-) 농도는 91.5 2623mg/*l*로 지역에 따라 변화가 크다(부록 3). 강원도의 석왕사 탄산 약수가 탄산염이온 농도 2623mg/*l*로 가장 높고 황해북도 한동약수가 91.5mg/*l*로 가장 낮다. 탄산수 중의 칼슘이온 농도는 8447mg/*l*, 2가의 철이온 농도는 4.526mg/*l*이다. 각 지역의 탄산 약수의 화학 성분은 부록 4와 같다.

7-2 탄산 약수의 형성 과정

탄산 약수가 지하에서 만들어지는 생성기구(mechanism)를 설명하기 위해서는 다음과 같은 내용이 먼저 검토되어야 할 것이다.

(1) 탄산수의 용출 지역의 지질과 지질 구조, 구성 암석.

(2) 탄산수의 용출 온도와 용출심도.

(3) 탄산수와 용출지역의 지하수의 화학 조성.

(4) 탄산수의 수질 특성(수소 이온 농도(pH), 전기전도도(electric conductivity, EC), 용존산소 (dissolved oxygen, DO), 알칼리도(alkalinity), TDS 등).

(5) 탄산수와 지하수의 동위원소 (탄소, 수소, 산소, 황, 질소 등)의 특성.

(6) 이산화탄소(CO_2) 기원 해석을 위한 이산화탄소 가스와 수반되는 영족기체 가스(헬륨, 아르곤 등)의 농도와 동위원소비.

이상의 지질학적, 지화학적 정보를 종합하여 탄산수의 생성 조건, 생성 과정, 생성 환경을 해석할 수 있다.

한반도에 분포하고 있는 탄산수의 형성 과정은 다음과 같은 지질수문학적 과정을 생각할 수 있다. 탄산수가 용출되고 있는 지역의 모암은 주로 선캄브리아기의 편마암류 암체 내(남전약수, 방동약수, 추곡약수)나 이와 접촉한 화강암체 내와 변성암체와 화강암체가 접촉하고 있는 접촉대(방아다리약수, 신약수, 갈천약수, 삼봉약수, 오색약수, 후곡약수)이다. 중생대 경상퇴적분지 내 퇴적암 셰일층(신촌약수, 신안약수, 황약수)과 중생대 화강암체(마당두들약수, 방가골약수, 위정약수, 가산약수, 두내약수, 달기약수, 우곡약수)에서 용출되고 있다. 경상퇴적분지 지역의 경우 퇴적암층 하부의 선캄브리아기의 변성암 기반암체와 밀접히 관련되어 탄산수가 용출되기도 한다. 예를 들면 청송 지역의 달기약수의 경우 탄산수의 용출 지역의 기반암은 미그마타이트질의 변성암의 기반암이 탄산수 용출 지역의 하상에 노출되고 있다. 옥천지향사대 내 쥐라기 화강암체(부강약수, 명암약수, 초정약수)에서도 용출되고 있다. 예외적으로 화산암 지역인 울릉도 저동 지역에서도 조면암질 화산암체 내에서도 탄산수가 산출되고 있다.

수질 및 화학 성분의 특징을 보면 지역적으로 차이가 있지만 일반적으로 탄산수의 pH는 5.3~6.3(평균, 6.3)으로 약산성이다. 탄산수 용출 지역의 지하수 또는 지표수의 pH는 5.9~7.9(평균, 6.9)이다. 탄산수의 용존 성분의 농도, 산소, 수소, 탄소의 안정동위원소분석으로 탄산수의 기원연구도 이루어진 바 있다.

용존 양이온은 $Ca^{2+} > Na^{+} > Mg^{2+} > SI^{4+} > Fe^{2+} > K^{+} >$ 이며, 음이온은 $HCO_3 > SO_4^{2-} > Cl$ 순이다.

탄산수는 대체로 $Ca\text{-}HCO_3$이지만 지역적으로 $Na\text{-}HCO_3$형인 곳도 있다. 연구자들은 탄산수를 3가지 유형을 $Ca\text{-}HCO_3$형, $Ca(Na)\text{-}HCO_3$형, $Na\text{-}HCO_3$형으로 분류 하고 있다. 탄산수와 지표수의 산소와 수소 동위원소비는 순환수선에 평행하게 순환수선에 근접도시 되어 순환수 기원으로 조사되어 있다. 용존 탄산가스와 탄산이온의 탄소 동위원소비는 $\delta^{13}C = -6.23 \sim -0.04‰$ 범위이다. 각 지역별로 탄소동위원소비($\delta^{13}C$)를 보면 신약수 $-4.2‰$, 방아다리약수 $-2.4‰$,

신촌약수 -1.2‰, 달기약수(중탕) -0.4‰, 달기약수(하탕) -3.7‰, 오전약수 -24.2‰, 둔내약수 0.0‰, 우곡약수 -2.2‰, 마당두들약수 -2.0‰, 방아골약수 -5.2‰, 위정약수 -2.9‰, 부강약수 -6.2‰, 명암약수 -5.6‰, 초정약수 -6.2‰이다.

탄산수의 형성 과정과 기원 해석에 대단히 중요한 정보는 역시 용존 이산화탄소의 탄소의 기원이다. 저온 환경에서 형성된 탄소 기원 해석에 탄소동위원소비($\delta^{13}C$)가 이용되고 있다.

일반적으로 탄산수 내의 탄소의 기원은 (1) 대기중의 CO_2기원, (2) 지구 심부 기원(맨틀 기원), (3) 탄산염암 및 탄산염광물의 지각 기원, (4) 패각, 식물등 유기 기원 등을 들 수 있다. 남한의 탄산수의 탄소의 기원에 대하여 이견이 제시되고 있다. 크게 탄소 기원을 심부 기원으로 해석하는 것(고용권 등, 1999, 정찬호,정기영, 1999)과 지각의 탄산염암 및 탄산염 광물 기원(윤정아, 김규한, 2000, Yun et al., 1999, Jeong et al., 2005) 해석이 대두되었다. 위의 용존탄산이온의 탄소동위원소비에서 기원 해석에 한계가 있음을 알 수 있다.

이상의 정보에서 탄산수의 생성 모델을 생각해보면 다음과 같다. 용존 이온 농도 중 Na, K, Ca, HCO3, Sr, Fe 등에서 Na, K, HCO_3 농도가 높은 탄산천과 Ca, Sr, Fe, HCO_3 농도가 높은 2 유형으로 크게 구분할 수 있으며 이들은 용출 지역의 모암에 크게 지배받는 것으로 보인다. 전자는 화강암체를 모암으로 하고 있으며 후자는 변성암체를 모암으로 하고 있다.

화강암체 내에 포획된 탄산염암 포획암을 중심으로 파쇄대가 형성 지하수가 유입되어 대수층을 형성하고 이들이 초기에 형성된 유체가 주변의 화강암과 반응에서 용출된 K, Na, Sr등이 화강암 기원

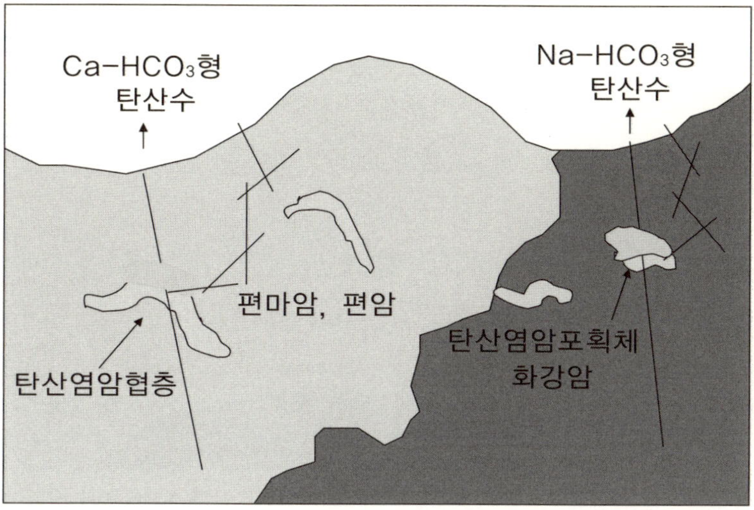

그림 7-6 탄산수의 생성 모델(용출 기원암의 차이에서 탄산수의 수질이 $Na\text{-}HCO_3$형(화강암 지역)과 $Ca\text{-}HCO_3$형(변성암 지역)이 형성.

의 특성이 나타나는 유형, 소위 $Na\text{-}HCO_3$형 온천이다(그림 7-6 참고). Sr 이온 농도가 화강암의 Sr 농도와 유사하다. Na, K이온은 화강암 중의 정장석과 사장석에서 유래되고 Fe이온은 운모류나 각섬석과 같은 유색광물에서 점차 용출된 것으로 해석된다.

한편, Ca, Sr, Fe농도가 높은 소위 $Ca\text{-}HCO_3$형 탄산수는 용출 모암이 편마암, 편암과 같은 변성암으로 이들 암석 내에 협재된 탄산염암층이 존재하는 부근 지역에 파쇄 대수층이 형성 이들 암석과 지하수가 반응하여 Ca, Sr Fe의 이온 농도가 $Na\text{-}HCO_3$형에서 보다 상대적으로 높게 나타나고 있다. 이를 모식적으로 도시하면 그림 7-6과 같다. 그러나 강원 지역 탄산약수의 지화학적 연구에서 지구 심부에서 상승한 CO_2가 지하수가 만나 H_2CO_3를 형성 이들이 암석과 반응하여 150℃ 정도 온도에서 $Na\text{-}HCO_3$형 탄산수를 형성하고 100℃에

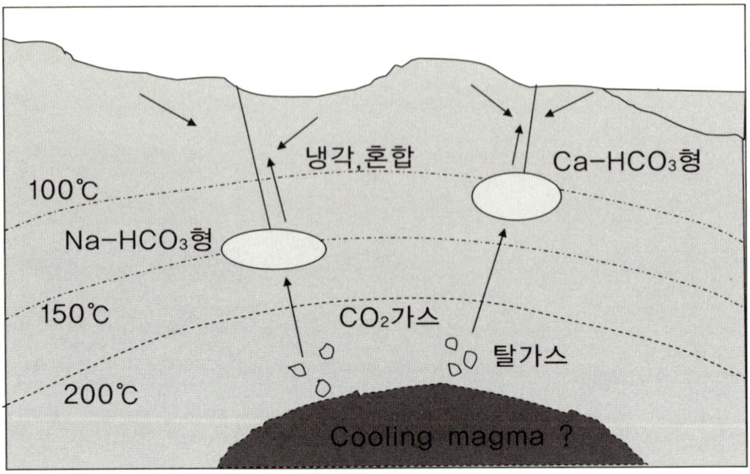

그림 7-7 강원도 지역 탄산수의 생성 모델(고용권 외, 2000). (모암에 관계 없이 심부기원에서 유래한 이산화탄소의 냉각 온도에 따라 Na-HCO_3형(150℃)과 Ca-HCO_3형(100℃)이 형성

서 Ca-HCO_3형 탄산수를 형성하였다고 해석하고도 있다(그림 7-7 참고). 여기서 CO_2기원이 심부 기원이라는 가정이다.

탄산 약수의 주요 특징은 앞에서 화학 성분 함량에 보듯이 양이온으로 Ca^{2+}, Na^{+}, Si^{4+}, Mg^{2+}, Fe^{2+}, K^{+} 이온 농도가 보통의 지하수에서 보다 높고 음이온 중에도 HCO_3^-가 현저히 높은 특징을 나타내고 있다(그림 7-8 참고). 따라서 보통 지하수에서 보다 위의 원소들이 더 첨가되어야 함은 당연하다. 그러면 이들 원소들은 어디에서 왔는가? 또 어떠한 과정으로 지하수계에 유입되어 보통 지하수에서 높게 나타날까가 문제의 해결 방법이다. 탄산 약수는 지하에 분포하고 있는 지층 또는 암석에서 유출되기 때문에 먼저 이들 원소들이 많이 포함된 암석이나 지층이 존재하여야 할 것이다. 먼저 칼슘(Ca^{2+}) 성분은 탄산염암이나 탄산염 광물이 $CaCO_3$ 성분으로 되어 있으므로 Ca^{2+}을

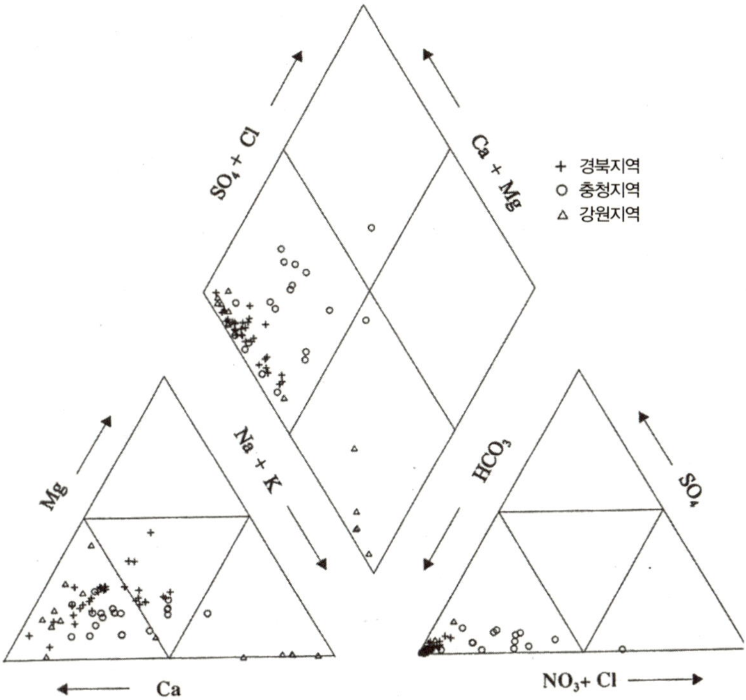

그림 7-8 남한의 탄산수의 주성분 원소의 파이퍼 다이어그램 (Jeong 외, 2005)

다량 함유한 근원 물질이 된다.

$$CaCO_3 + HCO_3^- \rightarrow Ca^{2+} + 2HCO_3^-$$

의 반응식에서처럼 석회암 지역이나 탄산염암층이 협재된 지역에 산성 빗물이 유입되면 탄산염암과 반응하여 Ca^{2+}과 HCO_3^-이온이 쉽게 형성된다. 이 같은 현상을 석회동굴의 형성과 석회암 지역의 지하수에서 이들 이온들의 농도가 높은 사실에서 쉽게 알 수 있다. 즉 탄산약수가 용출되는 지하에는 탄산염암이나 탄산염광물이 존재하여 지하수와 반응에서 Ca^{2+}과 HCO_3^-가 형성된다. 해성 퇴적암 지역의 경우 패각기원도 생각할 수 있다. 다음으로는 칼슘 성분을 함유한 광물로 풍화에 비교적 약한 장석 광물이나 기타 규산염 광물 중의 Ca^{2+}, K^+, Na^+ 성분이 지하수와 반응에서 용출되어 지하수에 포함될 수 있다. 그러나 이런 경우 HCO_3^-의 높은 농도는 설명이 어렵다. 탄소의 기원은 식물의 부식 등 유기물 기원으로 이들이 산화되어 HCO_3^-, CO_2, CH_4 등을 생성할 수도 있다.

비교적 지하 천부에서 용출되는 탄산수의 경우 심부까지 발달하고 있는 단층대를 제외하면 지구 심부 기원(맨틀 기원)의 탄소의 기원은 생각하기 어렵다.

지구 심부에서 탄소가 유래하는 경우에는 맨틀이나 하부 지각 중의 CO_2가 상승하여 대수층 내의 물(H_2O)과 반응하여 H_2CO_3를 형성하고 $H_2CO_3=H^++HCO_3^-$와 같은 반응에서 지하수 내에 탄산 이온이 만들어질 수도 있다. 또는 심부기원 탄산 가스가 물에 직접 용해되어 탄산가스로 포화된 물을 만들기도 한다. 이 같은 과정에서도 탄산 약수가 형성될 수 있다.

그러면 여기에 유입된 탄소는 어디에서 온 것일까? 앞에서 예시한 바와 같이 탄소의 기원은 지구 심부 맨틀 기원, 석회암과 같은 탄산염암 지각 기원, 대기 중의 탄산 가스 기원, 패류와 식물과 같은 생물기원 등 다양하다. 이 같은 다양한 기원의 탄소를 구별하기는 쉽지 않다. 탄소 기원해석에 탄소안정동위원소 분석법이 이용되고 있다.

탄산수에 탄산이온과 함께 산출되는 황산염(SO_4^{2-})이온은 농도는 비교적 낮지만 황철석(FeS_2), 방연석(PbS), 섬아연석(ZnS), 황동석($CuFeS_2$), 석고($CaSO_4 2H_2O$, 우리나라에서는 드물게 산출됨) 등의 황화광물이 산화되거나 황산염광물에서 용출될 수 있다. 지리적인 위치에 따라 해수 기원의 황산염이온(SO_4^{2-})이 지하수계에 유입될 수도 있다. 불소(F)는 대부분 화강암에서나 형석 광산 지역에서 유래되는 경우가 많다. 철이온(Fe^{2+})의 경우 대부분 철-마그네슘 규산염 광물의 풍화에 의해 유출된 것이 비교적 산소가 부족한 지하의 지하수 내 이온 상태로 포함되어 있다가 지표에 용출되어 대부분 철 산화물로 침전된다. 약수터 바닥에 적갈색의 침전물, 바위 표면의 색깔은 모두 철 산화물 때문으로 약수 내에 Fe^{2+}이온이 다량 함유되어 있음을 알 수 있다. 탄소의 기원은 금후 계속 연구되어야 할 과제 중의 하나이다.

이를 보완하는 증거로 탄산수에 용존하고 있는 영족기체 동위원소비($^3He/^4He$, $^{40}Ar/^{36}Ar$)를 분석이 탄산수중의 CO_2나 HCO_3^-의 탄소의 기원 해석에 중요한 근거가 될 수 있을 것으로 생각된다. 최근 일부 지역의 탄산약수의 헬륨동위원소비 분석에서 단층선을 따라 지구 심부 유래의 헬륨이 확인되어 흥미를 끌고 있다.

7-3 탄산 약수의 수질 특성과 효능

약수라는 말은 대단히 광범위하게 사용되고 있다. 유교 문화에 뿌리를 두고 있는 한민족은 전통적으로 약수나 토속 신앙에 많은 관심을 가져왔다. 과학적인 의료 기술이 도입되기 전에는 주로 민간요법으로 병을 치유하여왔다. 그 당시 약수는 각종 병에 효험이 있는 물을 말하고 있었다. 그래서 탄산수는 전통적으로 모두 탄산약수라는 이름으로 불려오고 있다. 탄산약수는 보통 음용수와는 수질이 차이가 나는 특수한 성분의 농도가 높아서 인체에 직·간접적으로 영향을 주는 광천수(mineral water)를 의미한다. 광천수란 보통 지하수의 평균 화학 성분과 차이가 나는 원소 함량을 가지는 물을 말한다. 용존 성분의 종류에 따라 탄산수, 황산 이온이 다량 포함된 황산수, 나트륨과 염소가 다량 함유된 식염수, 불소(F)가 다량 함유된 불소수 등이 있다.

이들 특정 성분의 존재에 따라 탄산 약수는 갖가지 다른 효능을 가진다. 예로부터 약수가 소화불량이나 위장병 치유에 효과가 큰 사실이 잘 알려져 있다. 청송의 달기약수, 신촌약수 등처럼 탄산 약수는 소화 기능을 크게 향상시켜 음용한 후 약수가 소화기 계를 순환 배출되는 시간이 짧음을 쉽게 경험할 수 있다. 약수는 미용 효과나 피부병, 신경통, 빈혈, 부인병, 눈병 등에 효험이 있는 것으로도 잘 알려져 있다. 약수는 보통 지하수에서보다 철 성분(Fe^{2+}, Fe^{3+})의 농도가 높은 경우가 많다. 이 같은 약수를 마시면 철분 결핍으로 발생하는 빈혈에는 큰 효과가 있다. 그리고 탄산 약수의 대부분은 수소 이온 농도(pH)가 평균 6.2로 지하수의 평균치 6.9보다 약간 더 산성을 띠는 경우가 많다(부록 3). 때문에 보통 지하수에서보다는 살균 효과가 커서 피부병, 눈병 등에 효과가 크게 된다. 남한의 약수의 지화학적 특징을 개략적으로 알아보면 다음과 같다. 약수의 수소 이온 농도(pH)는 5.3~8.0(평균 6.2)으로 약산성을 나타낸다. 참고로 우리나라의 보통 지하수의 pH는 6.9~7.0으로 중성이다.

탄산 약수의 각종 용존 이온 중에 Ca^{2+}이 3.8~421mg/*l*(평균 149mg/*l*)과 HCO3- 2.01~911mg/*l*(평균 537mg/*l*)이온 농도가 가

장 높다(부록 4 참고).

남한의 탄산 약수 내에 주요 양이온의 함량 분포는 Ca^{2+} > Na^{+} > Si^{4+} > Mg^{2+} > Fe^{2+} > K^{+} 순이며 음이온은 HCO_3^{-} > SO_4^{2} > Cl^{-} 이온 순으로 함량이 분포하고 있어 Ca^{2+}, HCO^{3-}가 우세한 탄산천임을 알 수 있다. 참고로 북한강의 하천수에는 Ca^{2+} 8.4mg/*l*이며 남한강의 하천수에는 25mg/*l*의 Ca^{2+}이 포함되어 있다. 그러나 약수에는 보통 용존 이온 농도가 이보다 높은 경우가 많다. 두내약수가 Ca^{2+} 421mg/*l*으로 가장 높고 HCO_3^{-}농도는 청송 달기약수(1911mg/*l*)가 남한에서 가장 높다. 남한의 탄산 약수는 Na^{+}도 평균 69mg/*l*로 비교적 높다. 특히 오색약수는 Na^{+}이 444mg/*l*로 보통 지하수의 100배 이상 함유되어 있다. Mg^{2+} 역시 달기약수에서 122mg/*l*로 가장 높게 함유되어 있다. K^{+}이온은 오색약수에서 37mg/*l*로 가장 높다. 이 같은 성분은 화강암 지역에서 용출되는 오색약수는 화강암 내의 정장석이나 사장석 광물에서 용출된 것으로 보인다. 예를 들면 정장석의 경우 $4KAlSi_3O_8 + 4H^{+} + 2H_2O \rightarrow 4K^{+} + Al_4Si_4O_{10}(OH)_8 + 8SiO_2$에서처럼 정장석 내의 K이 탄산수 내로 용출된다.

탄산수 내의 Ca^{2+}와 HCO_3^{-} 높은 이온 농도 때문에 탄산수의 음용이 소화기능 향상은 물론 Ca^{2+} 섭취를 크게 향상시키게 됨을 알 수 있다. 그 중 탄산이온(HCO_3^{-})은 신촌약수, 달기약수, 두내약수, 마당두들 약수 등에서 1500mg/*l*이상으로 보통 지하수의 800~1000배 이상 함유되어 있다. 북한강 하천수에 HCO_3 약 36mg/*l*, 남한강에는 약 78mg/*l* 포함되어 있다.

불소(F) 함량은 0~3.4mg/*l*(평균 0.5mg/*l*)로 추곡약수는 불소가 3.4mg/*l*로 음용수 기준치(1.5mg/*l*)보다 훨씬 높다. 불소는 보통 화

표 7-1 탄산수 중의 용존 원소들이 인체에 주는 영향

원소	평균인 체농도 (ppm)	기능	체내 결핍증상
철	60	산소 운반	빈혈
요오드	0.2	갑상선 호르몬 구성성분	갑상선종
구 리	1	일부효소에서 철과 반응	빈혈, 골격변형; 콜레스테롤 상승
망 간	0.2	신진대사 관련	알려져 있지 않음
아 연	33	신진대사 관련	발육 부진, 회복 지연
코발트	0.02	비타민 B12	B12 부족 현상
몰리브덴	0.1	일부효소	알려져 있지 않음
셀레늄		효소에서 중금속과 반응	셀레늄 결핍성 심장 질환
크 롬	0.03	인슐린 작용에 관련	인슐린 장애
주 석	0.2	알려져 있지 않음	알려져 있지 않음
바나듐		알려져 있지 않음	알려져 있지 않음
불 소	37	치아 및 골격 발달에 중요	충치발생 증가
규 소	260	경화; 결합 조직에 영향	알려져 있지 않음
니 켈	0.1	철 흡수에 반응	알려져 있지 않음
비 소	18	알려져 있지 않음	알려져 있지 않음
카드뮴	0.7	알려져 있지 않음	알려져 있지 않음

강암 지역이나 형석광상 주변 지역의 지하수에서 높게 나타난다. 황산염 이온(SO_4^{2-})은 평균 75mg/*l*로 음용수의 기준치 200mg/*l*보다 낮다. 그러나 황수탕 약수에서는 1868mg/*l*로 음용수의 10배 정도 높은 농도로 다량 음용 시에는 대단히 유해하므로 주의를 요한다. 그리고 기타 중금속 이온인 Zn은 0.05~0.5mg/*l*, Cr 0.03~0.6mg/*l*, Mn 0.004~1.7mg/*l*로 대단히 낮으며 Cu, Cd, Br 등은 대부분 10μg/*l* 이하 미량으로 음용수의 기준에 전혀 문제가 없다. 우리 인체를 구성하는 주요 화학 성분은 산소 61%, 탄소 23%, 수소 10%, 질

소 2.6%, 칼슘 1.4%, 인 1.1‰이며 나머지 0.9%는 각종 미량 원소 성분으로 구성되어 있다. 주성분 원소에 못지않게 미량 원소가 인체에 크게 영향을 준다(표 7-1 참고). 따라서 탄산 약수, 광천수 내에 포함된 각종 미량 원소들은 우리 인체에 필요한 원소를 제공하여주게 된다.

참고 문헌

고용권, 김천수, 배대석, 김건영, 저형채, 1999, 「초정지역 탄산수의 지화학적 연구 Ⅰ. 수리화학」, 『지하수 환경』, 6, 159-170.

고용권, 김천수, 최현수, 박맹언, 배대석, 2000, 「강원도 지역 탄산 약수의 지화학적 연구」, 『지하수 환경』, 7, 73-88.

고용권, 윤성택, 김천수, 배대석, 박성숙, 2001, 「부곡지열수의 심부환경과 지화학적 진화 : 유황형 지열수의 생성과정 재해석」, 『자원환경지질』, 34, 329-343.

김건영, 고용권, 김천수, 배대석, 박맹언, 2000, 「유성지역 지열수의 지구화학적 특성 연구」, 『지하수환경』, 7, 32-46.

김규한, 최현정, 1998, 「남한의 온천지역 열수와 지하수의 지구화학적 연구」, 『한국지구과학회지』, 19(1), 22-34.

김규한, 정윤정, 정찬호, Nagao, K., 2008, 「강화 석모도지역 온천수와 지하수의 수리 지구화학 및 동위원소 연구」, 『자원환경지질』, 41(1), 15-32.

김학전, 1957, 『공화국 북반부의 광천원천』, 조선 민주주의 인민공화국 과학원.

김형찬, 2004, 『남한의 지열류량과 지질 자료를 이용한 지열 이상대 해석』, 충남대학 박사학위논문, 123p.

박칠송 외, 1996, 『Geology of Korea』, Foreign Languages Books Publising House, 1996, Pyongyang.

성규열, 박맹언, 고용권, 김천수, 2001, 「부산지역지열수의 기원과 진화: I. 가열된 해수-암석 반응과 지하수의 혼입에 따른 희석과 냉각」, 『자원환경지질』, 34, 447-460.

송윤호, 김형찬, 이상규, 2006, 「한국의 지열 연구와 개발」, 『자원환경지질』, 39, 485-494.

염병우, 김용제, 1999, 「수안보 지역의 온천수위 변동과 수리 지구화학에 관한 연구」, 『지하수 환경』, 6권2호, 59-65.
윤정아, 김규한, 2000, 「남한의 탄산수의 지구화학적 특성과 안정동위원소 조성」, 『자원환경지질』, 7(3), 116-124.
이돈영, 임정웅, 1995, 「동래온천의 수리 지질학적 특성과 수위변화」, 『자원환경지질』, 28권, 2호, 165-176.
이승구, 김용권, 이진수, 송윤호, 2005, 「우리나라 고온성 온천수에 함유된 희토류원소의 지구화학적 특징」, 『지질학회지』, 41권 1호 35-44.
정경숙, 1989, 『한국 온천과 약수』, 도서출판 하나의학사.
정찬호, 2002, 「경북지역 탄산수의 생성 기원의 수리화학적 특성」, 『자원환경지질』, 35, 121-136.
정찬호 외, 2006, 「동해안 지역의 온천수내의 헬륨-네온 영족기체동위원소비」, 『2006년도 자원환경지질학회 학술발표 초록집』.
정해관, 1999, 『게르마늄 반도체 원적외선 이온 온열 방사욕, 온욕, 수족욕』, 약국정보.
조일환, 1986, 『수안보온천사 연구』, 신성인쇄사.
주승환, 제원목, 1995, 『라돈 방사능과 생활환경』, 계축문화사.
朝鮮地質調査要報 第7卷, 1926, 朝鮮總督府地質調査所
溫泉誌, 1983, 내무부.
金奎漢, 中井信之, 1981, 「韓國の溫泉水の水素, 酸素 及び硫黃同位体比」, 『地球化學』, 15, 6-16.
鄭承桓' 朴榮秀, 1999, 「韓國の地熱」, 『地熱』, 36(3), 16-24.
高橋正明, 1991, 「地化學溫度計の現在」, 『地熱』, 28, 79-94.
細谷 昇,1997, 「溫泉の集中官理計劃法(1)」, 『地熱』, 34(3), 50-62.
細谷 昇, 1999, 「溫泉の集中官理計劃法(2)」, 『地熱』, 36(1), 34-60.
江原幸雄, 2003, 『中國大陸の火山, 地熱, 溫泉』, 九州大學出版會.
西村 進, 2004, 『溫泉科學最前線』, 日本溫泉科學會
湯原浩三, 瀨野錦蔵, 1979, 『溫泉學』, 地人書館.
保坂學弘, 1999, 『磁石と生き物』, コロナ社.
野田徹郞,1998, 「化學的特徵に基つく地熱系の起源水の分類」, 『地熱』, 35(3),

1-14.
竹野直人,1995,「熱水變質の數値 simulation」,『地熱』, 32(1), 64-77.
大槻 彰, 1997,『木炭 エネルギー健康法』, 廣濟堂出版.
渡辺由貴子, 渡辺覺, 1998,『図解 雜學 ストレス』, ナツメ社.
全武植, 1993,『不老長壽の水を科學する』, メタモル出版.
家森幸男, 平成 11,『長壽の秘訣は食にあり』, マキノ出版.
朝鮮韓國地圖册, 1996, 中國地圖出版社.
收內泰道,平成 11,『本炭パワ-超健康法』, 日本文藝社.
古賀 愼, 1997,『粘土とともに』, 三共出版.
山縣 登, 1977,『微量元素』, 産業圖書.
本島公司, 益子 安 甘露寺泰雄, 1973,『地下水 溫泉水の分析』, 講談社 サイエンテイフイク.
森康天, 陶山淳治, 1980,『地熱エネルギ-讀本』, オ-ム社.
島田寬一, 2000,「地熱地化學講座」,『地熱』37, 4, 36-387.
室井 渡, 小幡利勝, 1974,『溫泉の開發と設計』, 地人書館.
嵐山光三郎, 1995,『日本列島天熱純朴の溫泉』, 講談社.
安滕典子, 1995,『全國溫泉案內』, JTB.
旅行図書編集部, 1998,『日本の溫泉』, 山と溪谷社.
北野 康, 1995,『水の科學』, 日本放送出版協會.
佐タ木信行 線扳邦彦, 1995,『天熱無機化合物』, 裳華房.
藤龜克之, 1992,『汚染される地下水』, 共立出版.
日本分析化學會北海道支部, 1980,『水の分析』, 化學同人.
矢原哲也ほか, 1994,「別府南部地域の溫泉水の流動について」,『地熱』, 31, 2, 18-33.
新井 正 著, 박종관 역, 1997,『물환경조사법』, 청문각.
朴奎昌, 1968,「韓國の溫泉の化學的研究(I)」,『溫泉科學』, 18, 26-34.
中村久由, 1994,「續・溫泉地質學事始め」,『地熱』, 31, 76-87.
町田 洋, 新井房夫, 1992,『火山灰 Atlas 日本列島と周邊』, 東京大學出版會, 276p.
Arnosson, S., Sigurdsson, S., Savarsson, H., 1982,「The chemistry of

geothermal waters in Iceland」, 『G.C.A.』, 46, 1513-1532.

Clark, I. D. and Fritz, P., 1997, 『Environmental Isotopes in Hydrology』, Lewis Pub.

D'amore, F., Panichi, C., 1987, 「Geochemistry in geothermal exploration」, 『Applied geothermics』, John Wiley&Sons, Ltd p. 69-89.

Giggenbach, w., 1988, 「Geothermal solute equilibria. Deviation of Na-K-Mg-Ca-Geoindicators」, 『Geochim. Cosmochim. Acta』, 47, 429-437.

Jeong C. H., Kim H. J. and Lee S. Y., 2005, 「Hydrochemistry and genesis of CO2-rich springs from Mesozoic granitoids and their adjacent rocks in South Korea」, 『Geochem』, J. 39(6), 517-530.

Keller, E. A. 1999, 『Introduction to Environmental Geology』, Prentice Hall.

Made, B., 1991, 「Modelisation thermodynamique et cinetique des réactions geochimique dans les interactions eau-roche」, 『These Universite Luis Pasteur de Strasbourg』, 308p.

Maruyama, S., 1997, Pacific type orogeny revisited: Miyashiro-type orogeny proposed, Island Arc, 6, 91-120.

Nakamura, T., Ishizuka, Y., Okuno, M., Moriwaki, H., Kim, K. H., Jin, B. L., Kimura, K., Oda, H., Mizutani, T., 2004, 「^{14}C wiggle-matching analysis of charred wood samples related with the recent major eruption of Chanbai volcano」, China/North Korea, 『名古屋大學 年代測定Center 研究報告書』, p. 26.

Park, S. S., Yun, S. T., Chae, G. T., Hutcheon, I., Koh, Y. K., So, C. S. and Choi, H. S., 2006, Temperature evaluation of the Bugok geothermal system, South Korea. Geothermics, 35, 448-469.

Sumino, H., Yamamoto, J., Kumagai, H., 2005, 「Noble gas studies of mantle derived xenoliths: mantle metasomatism revealed by noble gas isotopes-a review」. 『岩石鑛物科學』, 34, 173-185.

Truesdell, A. H., 1976, 「Summary of section Ⅲ, Geochemical techniques in exploration」, 『Send United Nations Symposium on the Development and use of geothermal resources, San Francisco, 1975』.

부록 1. 남한 온천수의 수질 분석 자료(김규한, 최현정, 1998)

시료 번호	Depth	Temp.	pH	Eh	TDS	*CON	Alkalinity	Si	Na	K	Al	Ca	Mg	Fe	Mn	Zn	Ba	F	Cl	Br	NO_3	SO_4	HCO_3	Sr
온천수																								
백암	170	41.6	9.54	132.8	144	0.20	1.54	20.48	45.40	0.07	0.08	1.86	n.d.	n.d.	n.d.	n.d.	n.d.	3.23	8.71	n.d.	n.d.	15.71	93.95	0.08
백암	150	44.3	8.88	120.7	166	0.36	1.17	21.20	45.50	0.07	0.07	1.77	n.d.	n.d.	n.d.	n.d.	n.d.	4.95	7.67	n.d.	0.34	15.25	71.60	0.08
척산	250	38.4	9.08	155.5	153	0.21	1.54	18.23	109.40	0.09	0.20	3.62	n.d.	n.d.	n.d.	n.d.	n.d.	3.14	19.71	n.d.	5.93	8.02	93.95	0.03
덕구	210	30.5	8.90	161.9	144	0.20	1.36	14.23	106.40	0.10	0.17	3.06	n.d.	n.d.	n.d.	n.d.	n.d.	13.63	5.07	n.d.	0.32	6.23	82.97	0.03
오색	170	25.0	8.23	195.5	131	0.82	1.36	14.45	127.60	0.04	0.52	9.16	n.d.	n.d.	n.d.	n.d.	n.d.	12.65	2.60	n.d.	0.22	9.79	82.97	0.12
도고	300	34.0	6.83	253.3	314	0.44	3.46	12.65	28.50	0.13	2.74	44.82	5.89	n.d.	n.d.	0.03	n.d.	0.64	25.81	n.d.	3.94	30.89	211.08	0.76
도고	250	25.0	7.74	274.4	235	0.33	2.42	15.40	86.40	0.12	1.60	26.32	3.37	n.d.	n.d.	0.05	n.d.	13.30	25.95	n.d.	2.45	20.85	147.64	0.68
덕산	320	42.5	8.13	228.3	195	0.27	2.06	14.78	107.60	0.14	0.96	15.62	0.16	n.d.	n.d.	n.d.	n.d.	3.24	16.74	n.d.	0.70	14.54	125.67	1.06
덕산	300	44.8	7.26	214.4	120	0.19	1.36	14.65	105.00	0.13	0.95	15.49	0.16	n.d.	n.d.	n.d.	n.d.	3.27	1.62	n.d.	0.70	14.30	82.77	1.05
이천	200	28.2	7.45	336.5	259	0.36	2.18	19.15	89.50	0.17	1.57	25.47	1.16	n.d.	n.d.	0.11	n.d.	1.17	22.33	n.d.	11.61	11.58	133.00	0.72
온양	300	45.4	9.13	211.3	240	0.33	1.94	19.78	67.80	0.12	0.18	3.64	n.d.	n.d.	n.d.	n.d.	n.d.	1.67	41.37	n.d.	n.d.	20.37	118.35	0.28
온양	320	43.3	8.64	251.4	225	0.31	1.84	20.20	58.40	0.11	0.41	7.54	0.74	n.d.	n.d.	n.d.	n.d.	2.09	28.50	n.d.	3.05	18.67	112.25	0.47
수안보	120	42.4	8.33	313.5	268	0.37	2.36	26.83	74.00	0.22	0.66	11.40	n.d.	n.d.	n.d.	n.d.	n.d.	6.06	1.72	n.d.	n.d.	36.58	143.98	0.14
유성	352	41.1	8.14	238.2	198	0.27	1.78	18.88	107.00	0.07	0.94	15.48	0.13	n.d.	n.d.	n.d.	n.d.	4.61	18.30	n.d.	236.33	14.11	108.59	0.40
부곡	400	73.6	9.08	-242.8	365	0.51	1.42	28.97	90.40	0.00	0.30	5.34	n.d.	n.d.	n.d.	n.d.	n.d.	3.26	10.34	n.d.	n.d.	140.06	90.29	0.36
해운대	810	28.7	7.80	133.7	>2000	11.50	0.40	9.68	1165.00	12.61	13.00	478.85	46.30	n.d.	0.05	0.35	0.08	0.45	3485.13	13.65	0.75	381.64	24.40	17.1
해운대	153	46.5	7.67	77.3	>2000	3.33	1.66	18.29	433.00	14.20	7.45	110.30	2.16	n.d.	0.08	1.94	0.24	29.16	1149.93	3.79	7.17	158.81	101.27	6.58
해운대	110	53.2	7.38	111.2	>2000	6.82	0.64	22.7	870.00	30.00	11.56	343.90	5.89	n.d.	0.11	0.23	0.39	3.54	2726.13	9.56	0.91	199.45	39.04	14.9
마금산	100	35.5	7.99	159.0	531	0.75	1.02	6.18	37.80	0.74	2.33	n.d.	37.80	0.51	0.74	37.8	n.d.	13.36	202.92	0.55	2.84	57.32	66.99	0.51
마금산	100	31.2	7.96	132.8	77.4	1.09	0.78	12.13	12.60	0.06	2.73	0.004	12.60	0.41	0.06	12.6	n.d.	17.85	433.54	1.51	1.01	112.77	47.59	0.41
동래	210	57.2	7.81	148.4	1059	1.48	1.12	9.86	226.00	4.50	1.68	74.40	0.51	n.d.	0.0191	0.32	0.05	7.40	206.27	1.44	4.26	74.61	68.33	2.41

부록 1. 계속

시료 번호	Depth	Temp.	pH	Eh	TDS	*CON	Alkalinity	Si	Na	K	Al	Ca	Mg	Fe	Mn	Zn	Ba	F	Cl	Br	NO_3	SO_4	HCO_3	Sr
백암	2~5	10.8	6.72	228.7	128	0.18	0.84	11.64	28.40	0.70	0.69	11.91	3.18	n.d.	n.d.	n.d.	n.d.	n.d.	13.55	n.d.	0.00	8.03	51.25	0.16
척산	100	16.0	6.76	253.8	109	0.15	0.72	8.63	18.35	0.11	0.48	7.98	1.03	n.d.	n.d.	0.08	n.d.	3.07	20.14	n.d.	5.93	8.05	43.92	0.07
덕구	18	7.6	7.85	219.2	82	0.11	0.74	7.69	18.40	0.06	0.21	3.76	1.22	n.d.	n.d.	0.13	n.d.	5.85	5.35	n.d.	0.55	5.67	45.15	n.d.
오색	100	5.3	7.88	223.6	63	0.09	0.50	5.29	12.40	0.05	0.23	4.47	0.57	n.d.	n.d.	n.d.	n.d.	14.03	9.13	n.d.	7.24	6.49	30.50	0.01
도고	30	12.8	6.07	266.2	232	0.32	1.36	13.79	39.20	0.17	1.93	31.56	9.75	n.d.	n.d.	0.02	0.11	0.76	57.43	n.d.	51.97	9.30	82.97	0.90
덕산	50	17.3	7.37	272.7	288	0.39	2.94	5.29	102.40	0.17	0.23	4.47	0.57	n.d.	n.d.	n.d.	n.d.	2.83	22.36	n.d.	2.89	25.07	179.36	0.01
이천	180	8.9	6.86	307.4	162	0.23	0.90	13.26	41.50	0.10	0.67	11.39	2.29	n.d.	n.d.	26.77	0.06	n.d.	25.58	n.d.	36.93	n.d.	54.91	0.52
온양	240	20.8	7.18	267.0	403	0.56	3.22	12.47	23.30	0.12	3.18	51.57	13.90	n.d.	n.d.	0.03	n.d.	n.d.	12.87	n.d.	27.69	25.58	196.44	0.85
수안보	10	8.8	6.79	285.3	180	0.25	0.84	5.57	16.60	0.15	1.59	26.01	5.48	n.d.	n.d.	0.03	n.d.	n.d.	19.70	n.d.	28.15	36.49	51.25	0.02
유성	150	16.1	6.88	231.4	307	0.43	1.80	17.1	115.60	0.10	1.93	31.35	1.97	n.d.	n.d.	0.12	n.d.	1.24	69.35	n.d.	15.66	7.58	109.81	0.63
부곡	200	7.5	7.94	130.4	254	0.35	3.04	8.54	38.00	0.08	2.31	37.52	8.24	n.d.	n.d.	0.29	n.d.	n.d.	17.75	n.d.	14.36	17.46	185.46	0.95
부곡	200	25.7	9.06	74.3	287	0.40	1.76	9.91	38.10	0.03	0.14	2.91	n.d.	n.d.	n.d.	n.d.	n.d.	n.d.	28.89	n.d.	0.00	73.26	107.34	0.12
해운대	80	17.1	7.35	191.2	805	1.13	2.10	8.56	20.60	2.01	2.77	117.36	124.09	n.d.	0.02	0.25	0.04	0.40	80.62	1.22	15.65	42.95	128.11	1.12
해운대	100	17.9	7.24	216.9	178	0.24	1.38	14.41	12.00	1.35	0.86	14.26	13.51	n.d.	n.d.	0.17	0.04	3.57	28.46	0.14	0.21	0.50	84.19	0.29
마금산	10	9.7	6.63	184.1	486	0.68	1.86	20.22	88.80	0.40	8.31	102.98	32.44	0.31	1.42	0.68	0.64	7.55	146.78	0.51	1.42	4.62	113.47	1.39
마금산	10	5.4	7.41	176.7	256	0.36	1.88	27.57	252.80	0.90	2.76	44.72	0.51	n.d.	n.d.	n.d.	n.d.	14.07	31.41	n.d.	0.58	83.46	114.69	1.58
동래	100	15.5	6.63	187.8	196	0.27	1.00	9.7	28.10	1.84	0.42	25.74	10.82	0.00	0.02	0.25	0.17	1.62	35.77	n.d.	27.31	11.47	61.01	0.45
동래	150	33.0	7.83	151.0	768	1.07	2.60	13.85	161.00	6.2	2.81	43.29	0.98	n.d.	n.d.	1.38	0.05	6.70	262.92	0.96	8.30	74.10	158.62	2.29

부록 2. 북한 지역 온천수의 화학 성분(단위 mg/l) (김학전, 1957)

온천명	온도(℃)	$K^{+}+Na^{+}$	Ca^{2+}	Mg^{2+}	Fe^{2+}	Mn^{2+}	HCO_3^{-}	Cl^{-}	SO_4^{2-}	CO_4^{2-}	H_2S	RnO	고형물질총량
〈함경북도〉													
주을온천	-	70.8	4.0	2.0	0.3	-	82.4	13.0	57.6	16.2	-	8-23	311.8
보상온천	46	47.3	6.8	2.8	-	-	62.8	16.0	26.8	17.6	-	-	232.0
성정온천	-	자료없음											
온포온천	-	32.5	4.2	5.3	-	-	49.4	9.0	29.2	12.0	-	7-18	201.0
황진리온천	50.5	128.3	2.8	미량	-	-	187.2	60.0	9.8	22.8	1.2	-	388.0
룡천리온천	20-36	41.3	6.2	2.5	-	-	45.6	14.0	19.2	23.1	-	-	233.60
송흥온천	49	69.2											
길주온수평	68.5	110.3	6.0	5.6	-	-	81.7	11.0	76.8	15.6	-	-	260.0
세천온천	60.5	100.9	6.8	-	-	-	190.3	30.0	39.2	10.8	-	-	452.0
판장온천	33	27.7	8.8	1.5	-	-	98.8	26.0	98.0	16.8	-	-	328.0
팔당온천	-	자료없음	9.6	6.0	-	-	52.4	8.0	29.4	14.4	-	-	-
삼포온천	-	자료없음											
신웅온천	-	자료없음											
사리온천	-	자료없음											
〈량강도〉													
삼지연온천													
보천내곡온수평	38	159.1	24.5	12.2	0.2	-	408.7	36.0	69.2	-	1.7		-
〈함경남도〉													
인흥온천	33	1975.5	129.0	144.7	-	-	244.0	3500.0	76.0	-	-	-	-

부록 2. 계속

온천명	온도(℃)	$K^{+}+Na^{+}$	Ca^{2+}	Mg^{2+}	Fe^{2+}	Mn^{2+}	HCO_3^-	Cl^-	SO_4^{2-}	CO_4^{2-}	H_2S	RnO	고형물질총량
〈강원도〉													
갈산온천	-	57.9	2.4	흔적	0.5	-	98.2	11.0	24.9	8.4	2.2		272.0
로탄온천	-	170.3	41.2	8.4	-	0.1	518.5	52.0	14.4	-	-		698.0
외금강온천	37-41	18.9	14.0	3.8	-	-	54.9	5.0	28.8	6.0	-		277.0
〈평안북도〉													
삭주온천	53.5	37.8	15.0	7.9	-	-	79.3	12.0	38.4	12.0	-		248.0
운산온천(1)	-	53.6	12.0	8.1	-	-	64.0	12.0	88.0	12.0	6.12		-
운산온천(2)	-	71.3	7.0	1.5	-	-	65.2	11.0	88.0	10.8	5.4	-	304.0
사천온천	39.5	57.6	30.2	2.7	-	0.1	60.3	33.0	96.0	9.6	-	-	308.0
〈자강도〉													
원흥온천	43.5	47.9	7.1	2.2	0.2	-	51.8	16.0	34.3	15.0	8.5	-	-
신풍소무온천	56	36.3	4.8	11.0	0.2	-	68.3	5.0	57.6	8.4	5.1	-	-
〈평안남도〉													
룡강온천	-	5373.7	3075.5	634.9	0.4	-	85.4	14650.0	576.0	-	-	-	-
성천온천	-	71.9	9.4	-	-	-	97.6	24.0	6.0	36.0	-	-	-
석탕온천 I	72	76.9	3.1	3.0	0.3	-	204.3	35.0	26.8	9.0	8.1	-	-
석탕온천 II	40-76.5	86.0	33.2	3.1	0.3	-	210.4	32.0	39.2	15.0	6.8	-	-
양덕온천(대탕지)	-	55.8	17.8	0.6	0.3	-	122.0	25.0	13.4	15.0	3.9	-	260.0
양덕온천(소탕지)	-	63.6	5.0	1.0	0.4	-	128.0	20.0	13.4	9.0	3.7	-	210.0
온양온천	57	50.1	6.9	2.3	-	-	103.7	6.0	12.0	18.0	-	-	-

부록 2. 계속

온천명	온도(℃)	K^{+}+Na^{+}	Ca^{2+}	Mg^{2+}	Fe^{2+}	Mn^{2+}	HCO_3^{-}	Cl^{-}	SO_4^{2-}	CO_4^{2-}	H_2S	RnO	고형물질총량
〈황해북도〉													
대천리온천	-	자료없음											
〈황해남도〉													
신천온천	-	104.1	7.0	2.6	-	0.01	118.3	59.0	26.1	28.2	8.5	-	412.0
안악온천	67	338.7	27.0	-	-	-	73.2	400.0	163.2	6.0	1.02	-	716.0
달천온천	54	104.2	11.8	미량	-	-	73.2	15.0	139.2	18.0	-	-	-
삼천온천	-	42.3	14.2	미량	-	-	82.7	9.0	19.2	16.3	1.0	-	228.0
송화온천	-	105.2	14.4	-	-	-	64.0	23.0	144.0	18.0	3.4	-	352.0
이목온천	-	35.6	12.6	미량	0.1	-	61.0	20.0	31.2	12.0	2.5	-	-
웅진온천	106	1854.6	27.8	-	0.1	0.02	64.0	2790.0	115.2	-	-	-	-
배천온천	-	179.6	8.1	5.4	-	-	90.1	230.0	19.2	9.0	4.2	-	656.0
연안온천	60	771.6	255.2	-	-	-	54.9	1530.0	110.4	-	-	-	2692.0
평산온천(평천)	54	69.4	10.4	-	0.1	-	103.7	21.0	31.2	18.2	2.2	-	240.0

부록 3. 남한 탄산수의 수질 분석 자료(윤정아, 김규한, 2000)

약수탕 이름	pH	Eh (mV)	Con. (us/cm)	TDS (mg/l)	음이온						양이온										
					F	Cl	NO_2	NO_3	SO_4	HCO_3	Ca	K	Mg	Na	Si	Al	Ba	Fe	Zn	Mn	Cr
남전 약수	6.0	104.1	1250.0	616.0	0.21	4.4	-	-	2.3	23.4	130.0	11.2	74.0	58.5	28.3	0.02	1.17	17.10	0.01	0.55	-
원주, 현충탑	7.1	271.4	159.2	81.0	0.16	2.2	-	9.9	13.1	2.0	17.4	1.3	0.4	8.3	10.2	-	-	-	-	-	-
신약수	6.0	156.2	830.0	423.0	0.14	8.9	-	29.8	6.6	519.4	114.0	7.1	22.5	69.0	10.9	0.03	0.16	4.42	-	0.59	-
방동약수	5.8	153.7	1122.0	572.0	-	1.9	-	5.1	5.5	22.0	187.0	4.1	16.6	3.9	20.8	0.01	0.09	15.20	0.04	1.43	0.03
방아다리약수	5.8	149.0	975.0	497.0	-	0.8	-	3.2	2.5	693.1	142.0	4.6	33.8	38.0	16.2	0.01	0.23	17.50	0.03	0.65	-
갈천약수	6.0	129.2	1491.0	744.0	0.16	1.3	-	3.3	6.3	28.3	269.0	4.1	21.4	41.0	30.7	0.04	0.06	16.90	0.09	1.38	0.06
오색약수	6.0	121.9	1872.0	957.0	-	1.1	-	4.2	8.4	30.3	41.9	37.0	-	444.0	36.9	1.14	0.12	4.82	0.03	0.46	-
추곡약수	6.1	85.2	1272.0	649.0	3.36	4.3	-	-	6.5	24.9	226.0	3.7	8.4	47.0	22.3	0.62	0.02	23.80	0.08	2.36	0.20
심봉약수	6.2	136.0	915.0	454.0	1.68	3.4	-	-	16.5	16.6	147.0	7.1	13.2	54.0	27.8	0.74	0.04	17.80	0.04	1.23	0.08
후곡약수	6.3	137.8	1170.0	598.0	1.23	3.5	-	-	5.6	23.9	229.0	7.4	8.2	61.0	26.8	0.08	0.10	8.89	0.08	0.41	-
신촌약수	6.2	90.6	498.0	249.0	-	21.9	-	-	18.9	1662.1	269.0	19.0	54.9	264.0	31.5	0.02	0.12	11.70	0.10	1.56	0.05
달기약수	6.4	97.8	561.0	281.0	0.20	23.2	-	-	24.1	1911.0	300.0	17.8	122.0	226.0	29.2	0.03	0.16	8.81	0.12	1.22	-
석정약수	8.0	263.4	77.4	39.0	2.05	18.9	-	1.4	34.6	137.2	36.2	2.2	-	44.0	8.4	-	-	-	-	-	-
부강약수	6.2	44.9	345.0	173.0	1.68	6.7	-	-	8.4	1248.6	281.0	3.9	15.4	78.0	32.5	0.11	0.03	14.10	0.09	1.16	0.07
명암약수	5.9	179.7	136.2	69.0	1.11	14.7	-	1.6	17.1	414.9	57.0	4.7	9.0	67.0	10.3	0.13	0.05	3.86	-	0.75	-
초정약수	5.3	262.1	64.2	32.0	0.22	30.2	-	38.0	18.9	63.1	15.2	1.3	0.3	14.0	16.4	0.01	0.00	-	-	-	-
오전약수	5.6	114.4	154.8	78.0	0.10	4.1	-	-	13.9	508.9	59.8	9.2	26.3	37.0	32.9	0.04	0.07	37.00	-	0.86	-
둔내약수	6.1	56.6	442.0	221.0	0.48	5.9	-	-	0.8	1691.4	421.0	3.7	10.6	58.0	38.3	0.16	0.01	22.30	0.16	1.36	0.20
우곡약수	5.9	108.2	289.0	145.0	-	13.9	-	-	25.3	987.8	202.0	5.6	28.8	52.0	33.9	-	0.08	16.00	0.08	1.56	0.10
마당두들약수	6.2	131.9	431.0	216.0	-	11.6	-	-	14.4	1581.5	281.0	13.8	65.0	144.0	29.5	-	0.29	13.50	0.14	1.36	0.08
방아골약수	6.1	88.3	336.0	168.0	-	-	33.1	1.2	5.3	1158.7	257.5	4.3	61.8	43.0	36.0	-	0.32	15.10	0.10	0.60	-
위전약수	6.3	162.2	324.0	162.0	0.15	9.4	-	-	18.4	1161.7	232.9	3.4	47.5	70.0	18.8	-	0.17	4.93	0.09	1.03	-
가산약수	6.2	163.9	260.0	130.0	0.12	9.2	-	2.0	18.4	877.4	273.1	3.1	15.2	29.0	19.1	-	0.02	-	0.10	-	-
황수탕약수	2.3	420.3	3970	1980.0	-	14.6	-	-	1868.0	-	27.0	2.8	15.3	12.1	54.2	80.0	0.57	553.0	3.39	6.24	0.60
신안약수	6.3	140.0	1430.0	714.0	0.75	45.5	-	-	51.1	1136.4	234.5	4.0	39.1	57.0	21.5	0.01	0.07	1.25	0.09	0.92	-
영정약수	7.6	217.7	139.0	70.0	0.73	2.6	-	0.7	7.6	45.2	4.6	2.0	1.1	28.5	9.4	0.04	-	-	-	-	0.01
함백산약수	7.8	269.3	122.0	61.0	0.11	1.8	-	1.1	9.9	58.0	10.6	0.3	2.9	5.4	7.9	-	-	-	0.01	-	0.01
암사동약수	6.4	335.0	104.3	58.0	0.10	5.1	-	8.2	7.8	42.5	5.9	1.6	2.7	7.2	9.6	-	0.01	-	0.10	-	0.02
백련사약수	6.3	334.9	96.7	54.0	0.15	3.1	-	9.8	14.1	28.8	3.8	0.4	1.4	3.2	3.4	-	0.02	-	0.01	-	0.01
천진암약수	6.1	342.2	72.5	41.0	0.09	3.2	-	22.9	3.5	6.3	4.3	2.5	1.0	19.8	8.9	-	0.01	-	0.02	-	0.03

부록 4. 북한 지역 탄산 약수의 화학 성분 (단위 mg/l) (김학전, 1957)

약수 지역명	$Na^{+}+K^{+}$	Ca^{2+}	Mg^{2+}	Fe^{2+}	Mn^{2+}	HCO_3^{-}	Cl^{-}	SO_4^{2-}	H_2SiO_3	CO_2	고형물질총량
〈강원도〉											
석왕사약수	510.7	444.6	3.4	20.0	0.9	2623.0	33.0	흔적	108.6	2200.0	-
삼방약수	332.7	82.0	25.0	26.0	1.1	1220.0	55.0	2.8	63.6	2552.0	-
로탄약수	362.4	113.0	15.2	6.0	0.8	1342.0	26.0	7.6	77.1	968.0	-
룡담약수	437.8	371.4	25.3	12.0	0.1	2379.0	35.0	4.8	48.5	2508.0	-
〈평안북도〉											
창성중리약수											
선진약수											
천진약수	437.8	295.1	34.4	12.0	1.5						
옥호동약수	316.9	83.9	19.6	9.5	1.6	1164.5	9.0	30.7	27.29	1430.2	416.0
넌세' 골약수	자료없음										
싸근동약수	112.5	11.8	4.0	6.5	-	335.5	14.0	7.6	290.0	1760.0	536.0
느저리약수	63.8	281.6	36.2	17.0	1.7	1221.0	17.0	흔적	160.0	3300.0	-
어비약수	283.8	114.0	12.0	8.0	-	1098.0	4.0	48.0	48.0	2288.0	-
신흥약수	236.5	61.3	1.6	8.4	0.3	732.0	7.0	76.8	37.15	1056.0	-
우제약수	자료없음										-
소니' 골약수	153.3	80.5	16.8	8.1	0.8	671.0	14.0	48.0	41.0	2021.0	-

부록 4. 계속

약수 지역명	$Na^{+}+K^{+}$	Ca^{2+}	Mg^{2+}	Fe^{2+}	Mn^{2+}	HCO_3^-	Cl^-	SO_4^{2-}	H_2SiO_3	CO_2	고형물질총량
〈자강도〉											
외귀약수	401.2	309.9	61.3	8.5	-	2177.7	63.0	38.4	121.3	2094.4	-
신적약수	126.8	318.0	24.6	9.0	-	1403.0	5.0	29.4	406	2992.0	-
초산 치열약수	234.2	157.5	9.1	7.5	1.7	1037.0	5.0	96.0	34.6	1628.0	-
희천 정아주약수	364.2	401.7	59.3	16.5	2.2	2440.0	14.0	48.0	90.8	1760.0	-
희천 모두미약수	520.8	290.8	2.8	8.6	1.6	2196.0	20.0	57.6	98.4	1936.0	-
희천 청량약수	259.8	109.3	32.7	15.0	0.9	1189.0	7.0	29.4	54.7	2332.0	-
아룡성약수											
운수리약수											
여침약수	543.4	248.0	3.6	12.0	2.2	1830.0	15.0	19.2	62.4	2156.0	-
〈평안남도〉											
강서구약수(2월)	509.3	307.2	32.7	20.0	1.6	2135.0	155.0	76.8	49.1	1496.0	-
강서구약수(7월)	121.90	71.31	24.04	20.0	-	395.00	160.00	28.80	64.27	2068.00	806.00
검산약수	자료없음										
〈황해북도〉											
수천약수	455.2	210.2	7.2	4.5	-	1830.0	34.0	4.8	132.8	1540.0	-
〈황해남도〉											
한동약수	27.2	12.0	7.9	6.0	0.5	91.5	20.0	28.8	41.8	572.0	160.0

찾아보기

ㄱ

가속기 질량분석장치 140

갈산온천 101

길주온수평온천 88, 89

ㄴ

능암탄산온천 65, 177

ㄷ

단순온천 51, 56, 57, 60, 61, 62, 64, 85, 103, 121, 122, 175, 176

달천온천 22, 83, 113, 119

대보화강암 38, 64, 133, 163

대천리온천 22, 112

덕구온천 21, 22, 51, 54, 56, 68, 70

덕산온천 21, 22, 51, 54, 58, 59, 133

도고온천 21, 22, 51, 52, 54, 64, 176

동래온천 15, 21, 48, 51, 52, 54, 68, 70, 151, 180, 225

동위원소 분별 127

동위원소교환 142

동위원소지질온도계 134

ㄹ

로탄온천 22, 101, 102

룡강온천 22, 108

룡천리온천 89

ㅁ

마그마오션 31, 37, 201

마금산온천 21, 22, 51, 52, 54, 60, 74, 75, 76, 176

맥반석 195

맨틀 포획암 74, 96

맨틀 플륨 28, 29, 46, 146

물-암석 상호 반응 78, 128, 131, 132

ㅂ

방사능천 51, 121, 122, 175, 177, 179

방사성 동위원소 25, 45, 73, 77, 126, 189, 191, 197

배천온천 22, 116

백두산 29, 35, 39, 84, 92, 95, 96, 97, 98, 107, 163
백암온천 21, 22, 47, 51, 52, 54, 56, 57, 68, 93, 130, 153, 176
보상온천 22, 86, 88
보천 내곡 온수평온천 99
부곡온천 21, 22, 47, 51, 52, 54, 59, 60, 74, 75, 77, 153, 160, 176
불국사 화강암 38, 47
블랙스모커 199
비화산성 온천 24, 25, 29, 41, 45, 122, 185

ㅅ

사천온천 22, 106
삭주온천 22, 104, 105
산성천 51, 121, 122, 173, 175, 177
산화-환원전위 70, 124, 167
3중수소 140, 142, 143
삼천온천 22, 113
생물학적 산소소비량 150
석탕온천 22, 82, 110
섭입대 24, 25, 28, 74, 128, 147
성정온천 22, 86, 87, 88
성천온천 22, 82, 109
세천온천 22, 90
송화온천 22, 113, 114
송홍온천 22, 91
수안보온천 21, 51, 52, 54, 62, 151, 156
순환수 14, 23, 66, 72, 80, 94, 95, 122, 129, 142, 206, 213
순환수선 72, 79, 80, 94, 128, 129, 213
식염천 23, 51, 52, 55, 101, 108, 109, 115
신온온천 22, 104, 105
신천온천 22, 83, 112, 113
신풍소무온천 22, 107
실리카 지질온도계 136

ㅇ

아리마형 온천 122
안악온천 22, 82, 113, 118, 177
안정동위원소 5, 125, 126, 129, 134, 139, 145, 218, 225
알칼리도 149, 150, 212
알칼리비 지질온도계 137
양덕온천 22, 110
연안온천 22, 48, 83, 84, 113, 116, 176, 197
열극형 온천 84
열수변질 132, 133, 167
영족기체 46, 47, 66, 67, 68, 72, 73, 74, 77, 80, 125, 144, 145, 146, 147, 148, 212, 219
오색온천 21, 22, 46, 47, 51, 54, 61, 68, 148
온도 효과 172, 192
온양온천 15, 21, 22, 40, 51, 54, 57,

111, 130, 133, 180
온천 요법 172, 181
온포온천 22, 83, 86, 87, 88
옹진온천 22, 113, 115, 176, 197
외금강온천 22, 83, 103
운산온천 22, 105, 176
원자흡광분광분석기 124, 125
원홍온천 22, 106, 107, 108
이목온천 22, 84, 113, 114, 115
이온 크로마토그래피 124
이자나기 해양판 39
이천온천 15, 21, 22, 51, 54, 65, 130
인홍온천 22, 83, 100, 176

ㅈ

장백온천 92, 93, 95, 97
저속도층 27
주을온천 22, 82, 83, 85, 86, 87, 88
중앙해령현무암 146
지각 열류량 41, 43
지온구배 24, 25, 41, 42, 45, 46, 66

ㅊ

척산온천 21, 22, 51, 54, 60, 68
철천 51, 173, 176, 179

ㅋ

칼세도니 지질온도계 136

ㅌ

탄산수 66, 67, 121, 150, 177, 205, 206, 207, 210, 211, 212, 213, 214, 215, 216, 218, 219, 220, 221
탄산염천 177, 179
트레이서 126, 131, 145, 146, 167

ㅍ

판구조론 25, 27, 29, 41
판장온천 22, 91
평산온천 22, 113, 117

ㅎ

해운대온천 21, 47, 48, 51, 52, 54, 55, 56, 68, 70, 130, 137, 176, 197
호상 열도 25, 35
화산 프론트 45
화산성 온천 24, 29, 39, 45, 84, 122, 163, 166, 185
화석수 14, 23, 50, 121
화이트스모커 199
화학적 산소소비량 150
황동위원소비 5, 129, 130
황산염천 51, 54, 59, 60, 121, 122, 175, 176
황진리온천 22, 88
황천 51, 100, 121, 122, 175, 176

2008 대한민국학술원 선정 우수학술도서

한국의 온천

펴낸날 | 1판 1쇄 2007년 3월 16일
2쇄 2008년 9월 4일

지은이 | 김규한

펴낸이 | 최민숙

펴낸곳 | 이화여자대학교출판부

주소 | 서울시 서대문구 대현동 11－1(우120－750)

출판 등록 | 1954년 7월 6일 제9－61호

전화 | 편집팀 02－3277－2965, 2966
영업팀 02－3277－3164, 362－6076

팩스 | 02－312－4312

E-mail | press@ewha.ac.kr

인터넷서점 | http://www.ewhapress.com

편집 책임 | 민지영

디자인 | 신성문화사

찍은곳 | (주)영림인쇄

ISBN 978-89-7300-730-1 93450

값 12,000원